Unit Girls 擬人化

文・監修／星田直彦
畫／姬川たけお
譯／林農凱

單位事典

公尺

莫耳

前言

● 時時隔130年重新定義公斤 ●

公尺、公斤、秒……我們每天在生活中都會用到許多單位。但是,理所當然地存在著單位、理所當然地使用單位,理所當然地大家都用同樣的單位……單位對我們來說太過理所當然,以至於我們時常忘了單位的好處。

2019年,「單位」成了科學界最受矚目的議題,甚至可以説是具有歷史性意義的一年。國際單位制(SI)基本單位之一的公斤〔kg〕,在時隔130年後終於重新改變了定義。不僅如此,同樣是基本單位之一的電流單位安培〔A〕、熱力學的溫度單位克耳文〔K〕、發光強度的單位燭光〔cd〕、物量的單位莫耳〔mol〕等單位也同時改變了定義。一口氣重新定義這麼多基本單位,在單位的歷史上是未曾有過的大事件。

● 單位化身成角色!? ●

在這重要的歷史事件後,我們為您致上劃時代的這本書。

不論是您熟悉的單位,還是從未耳聞過的單位,在本書中都有詳細的介紹與解說。本書介紹的單位超過120個,我們做了妥善的編排,您可以從任何地方開始閱讀,所以不妨直接翻開您最感興趣的頁面吧。

另外,本書也做了一大挑戰:請來理科系插畫家「姬川たけお」老師,為我們將單位描繪成充滿魅力的擬人化角色!我可以很自豪地説,本書讀起來一定有趣又好懂。若您能夠從這本事典中得到樂趣,那就是我的榮幸。

2020年8月

星田 直彥

目　次

序章

- 什麼是單位
- 尺的厲害之處
- 「腕尺」與「斯塔達」
- 國際單位制 SI

單位究竟是什麼

什麼是單位
狗狗的體重用醃菜石表示!?

到底什麼是「單位」？

諸如公尺或公斤之類，我們在生活中會用到許多單位，至今已難以想像不用到單位的生活了。單位，就是如此貼近身邊的事情。但是，各位不妨再問自己一次，到底什麼是「單位」呢？

容我按順序進行說明吧。

我們在數書本時會用「本」、在數紙張時會用「張」等量詞。不過，嚴格來說這些都無法稱為「單位」。「本」、「張」、「個」或「台」等等量詞在日文文法中被稱為「**助數詞**」，被視為「**等同於單位**」。

譬如，當有人問「你們家養了幾隻小狗？」時，假設Ａ先生回答「3隻」，Ｂ先生回答「5」。

Ｂ先生的回答只有數字而已，並沒有用到「隻」。這種回答或許聽起來總有些粗魯，也有些幼稚的感覺，但即使是這種回答，也已經把必要的內容完整傳達給對方了，不需要擔心對方會因此誤解成錯誤的內容（畢竟也有本不朽名作叫作《二十四瞳》嘛！）。也就是說，助數詞並不是非得要使用的語詞。

日文助數詞	用來數的東西	範例
個（個、顆）	小東西	橡皮擦、石頭、糖果、蛋
台（台）	車輛、機械等	汽車、單車、機械、鋼琴
冊（本）	書本或雜誌	書、雜誌
本（支、條）	細長物	鉛筆、寶特瓶、道路、吉他
枚（張、件）	扁平物	紙、盤子、襯衫、煎餅
匹（隻）	動物	狗、貓、兔子、魚、蟲
羽（隻）	鳥類等	鳥、兔子

可數還是不可數

無論是書、紙、狗、兔子還是卡車、遊艇，它們的特徵就是「**可以數**」。這些事物即使不用「本」或「張」等量詞（雖然可能會有些奇怪），還是可以表示其「數量」。這樣的量被稱為「**離散量**」或「**分離量**」。

然而，自己的身高、愛犬的體重、桌子的面積、牛奶的體積、到目的地的時間、新幹線的速度、舉起槓鈴的力量、手電筒的亮度等等……有些事物是「**不可以數**」的。這樣的量，稱之為「**連續量**」。

那麼，「不可數的量」該怎麼表示才好呢？

譬如，我們可以想到以下這些方法。

　　①狗狗的體重，是我們家3個醃菜石的重。

　　②我的身高，是6瓶2L寶特瓶的高。

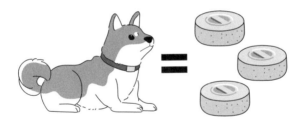

這種方法簡單好懂。簡言之，就是表記成「〇〇的幾個多」即可。

不可數的量，光是說「1」是無法理解的，因此我們必須用醃菜石、用寶特瓶來決定「1」的量。而這個「1」的量，也就是所謂的「**單位**」。

另一方面，對於書本或鉛筆之類的東西，不用做什麼特別的事，也可以用1、2、3……來計數，所以並不需要單位。

尺的厲害之處
長度用長度來測量！

■「物差」與「定規」

那麼，想要測量實際長度時，各位會怎麼做呢？會用「物差」？還是用「定規」呢？這兩個日文語彙在中文裡都稱為「尺」，不過我想日本的數學老師，應該會把「物差」與「定規」分開來看待。

「**物差**」是用來測量物體長度的工具，材料為竹、鐵、紙或塑膠，形狀為細長形，並附有刻度。「物差」有各種類型，譬如可以捲起來的「捲尺」，或是可以折疊的「折尺」。

而「**定規**」則是畫線、切割物體時所使用的工具。類型同樣很多種，譬如用來畫直線的「直尺」、用於製圖的「丁字尺」、小學中常見的「三角板」、用來畫曲線的「雲形尺」或「曲線尺」等等。

簡單來說，「物差」與「定規」正是因為使用方法不同，所以名字也不一樣。因此，只要使用者不在意，將「物差」當成「定規」使用也無妨，當然也可以在「定規」上標記刻度，當成「物差」使用。實際上，大半細長的直尺，都能同時兼顧「物差」與「定規」兩種尺的功能。但是，「用『物差』畫線」或「用『定規』測量長度」的表達方式，在日文中還是相當奇怪。

■ 該如何表示長度？

我們在測量長度時，一般都會使用「物差」。那麼，使用「物差」到底有什麼方便之處呢？說到底，我們究竟是怎麼測量「長度」的？請各位仔細思考看看。

在我看來，我會用「**以長度來測量長度**」這個說法。

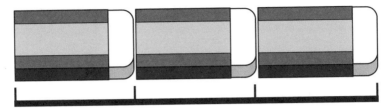

請見上圖。橡皮擦沿著粗線排列在一起。在這個狀況中，可以說「粗線的長度為3個橡皮擦的長」。我們使用橡皮擦的長度，來表示粗線的長度。所謂「用長度來表示長度」，指的就是這個意思。此時，橡皮擦的長度，被當成長度的「單位」所使用。

■ 世紀大發明！

上圖中排列的橡皮擦只有3個，測量起來並不是多困難的事。但是，請各位試著想像測量更長物體時的情況。

　　①必須準備很多的橡皮擦。

　　②必須排列很多的橡皮擦。

　　③必須數很多的橡皮擦。

這樣子非常辛苦吧。這時候被發明出來的物品，就是「物差」。

如此一來只要辛苦一次就好。先把很多橡皮擦，筆直地排列在一起，然後再放上筆直的細長板子，把每個橡皮擦的長度仔細標記在板子上。這就是「**刻度**」。將排列到第5個的地方記為「5」，排列到第10個的地方記為「10」，接下來就很方便了。

使用以這個方式創造出來的工具（物差），就無須進行上述3個「必須～」的事，只要將工具抵在想測量的物體上，直接看刻度，就能輕鬆測量物體長度。各位不認為這是曠世大發明嗎？

序章

單位究竟是什麼

「腕尺」與「斯塔達」
從人體與人類能力中誕生的單位

什麼是人體尺？

方才我們用「橡皮擦」當成「長度單位」。如果只是要自己或身邊的人使用，那麼將橡皮擦當成長度單位並沒有什麼大問題。用每天早上使用的咖啡杯杯口的直徑，或用玩偶的長度當成單位也都沒關係。但是，理所當然的，這些例子都不普遍。

長度單位會有許多人使用。因此，必須是貼近所有人生活，任何人只要聽到敘述，就能馬上知道大概會有多長的事物，才能當成單位。這麼一來，人體的某部分，當然就是最好的單位。

光是與手有關的，就有手掌寬度、手掌長度、拇指寬度、手肘到指尖的長度、張開雙手的寬度等等，種類繁多。像這樣基於人體所制定的單位，稱為「**人體尺**」。

人體尺「腕尺」

這邊就讓我介紹幾個有關長度的人體尺，它們都是「公尺」的大前輩。

「**腕尺**（cubit）」是古埃及或古代美索不達米亞索使用的人體尺之一，將手臂彎曲時，**手肘**到中指尖端當成長度單位。當然，隨地區、時代及用途，腕尺的長度也稍有不同，不過1腕尺大概都等於50cm左右。在古埃及，會使用法老（埃及國王）的手臂，制定官方的腕尺長度。

也因此，當新的法老繼位時，腕尺的長度也會改變。現在留存於埃及的許多金字塔，都是使用「腕尺」所建造的精密建築。

掌尺

腕尺

「拃（span）」這個單位，指的是手掌張開時，從拇指尖端到小指尖端的長度。span有跨度、間距的意思，所以日文中也有著「用更長遠的span思考將來……」的說法。拃的長度為腕尺的一半。各位不妨試著用自己拃的長度來測量腕尺的長度，應該會剛好是2倍左右喔。

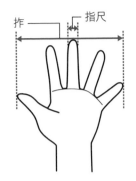

除此之外，還有表示食指到小指4根手指寬度的「**掌尺（palm）**」，以及表示1根手指寬度的「**指尺（digit）**」等單位。而指尺，也是「數位（digital）」這個字的語源。

■ 基於人類能力所制定的「斯塔達」

不只是由人體制定的人體尺，另外也存在著基於人類的身體能力所制定的人體尺。在這之中，就屬希臘時代及羅馬時代使用的「**斯塔達（stadion）**」這個單位最為特別。

從早上太陽剛露出地平線，到從地平線完全露出來為止，在這段時間內人所走的距離，這就是「斯塔達」。太陽移動約1個太陽的角度，這段時間大約為2分鐘；而在這期間所走的距離為1斯塔達，大概會是180 m左右。

在古代的奧林匹克運動會中，競賽的最短距離設定為1斯塔達，因此競技場內會設置1斯塔達的直線賽道；若是距離超過1斯塔達的賽事，就用往返的方式折回原本的賽道。同時具備競技用空間與觀眾席的建築物之所以會被稱為「stadium」，正是源自這個典故。

國際單位制 SI
大家在相同規則下，使用相同的單位吧！

■ 什麼是普遍單位？

我們可以將「手肘到中指指尖的長度」設為長度單位，也可以把「寵物狗的體重」或「心愛杯子的容量」設為質量或體積的單位。若只在自己家人之間使用，或許這類單位會更好理解也說不定。

可是，拜託自己家人以外的人也使用這樣的單位，我想是困難至極的事。因此，大眾才會希望有個在廣闊的地區中，任何人都可以使用的「**普遍單位**」。而為此，必須要有具備權威的人物或組織，來統一人們使用的單位。

建立中國第一個統一王朝的秦始皇（公元前259～210年），曾統一了度量衡，並向全國分配用來當作基準的測量器具。而在日本，豐臣秀吉（1537～1598年）在推行檢地政策時，也曾統一了土地的面積單位，並制定京枡作為體積的基準。

■ 制定任何國家與地區都能使用的單位

接下來大家希望制定的，則是超越國家與地區限制，任何人都可以使用的共通單位。若能實現這件事，那該有多麼方便啊！

雖然時機起先嶄露於17世紀末的法國大革命時期，不過到了最後實質統一國際上各種單位所締結的「**米制公約**」，則已經是1875年的事了。各國基於這項公約，成立了協調、管理單位的國際組織。

起初，米制公約只將「長度」與「質量」視為統一對象，並採用公尺〔m〕以及公斤〔kg〕當成世界共通的單位。這意味著：「雖然長度原本有腕尺、碼、尺等各種單位，但從今以後統一為公尺。此外，質量原本也有磅、盎司、貫等單位，但從今以後也統一為公斤。」這是多麼劃時代的宣

言。

　順帶一提，各國簽署米制公約的5月20日，被定為「**世界計量日**」。

■ 國際單位制的起源

　1954年，正式制定了「**國際單位制**」。簡稱**SI**取自國際單位制的法語 Système International d'Unités。在本書接下來的章節中，這個字將會多次登場。

　國際單位制SI，現在將以下7個單位訂定為**基本單位**。

　① 長度　公尺〔m〕　　　② 質量　公斤〔kg〕

　③ 時間　秒〔s〕　　　　④ 電流　安培〔A〕

　⑤（熱力學）溫度　克耳文〔K〕　　⑥ 光度　燭光〔cd〕

　⑦ 物質量　莫耳〔mol〕

說不定各位對這些單位都不太熟悉，這個時候還請各位試著查詢、確認每個單位的定義，我想您一定會對其縝密的定義大吃一驚。

SI 最重視的事

以「好用的單位」為目標，國際單位制的單位（**SI 單位**）最重視的是以下幾個要點（順序是我自己依照重要程度所排列的）。

①透過國際機構明確定義。

②對於1個量，（盡可能）使用1個單位。

③必要的單位，由基本單位結合而來（**導出單位**）。

④使用十進位制。

⑤表示大的量與小的量時，使用詞頭（**接頭辭**）。

關於③，我再簡單說明一下。

我在前頁介紹了7個國際單位制基本單位。但是，我想您也發現了，其中並不包含面積與體積的單位。

這並不是說，面積與體積的單位不重要。難得長度的基本單位統一為「公尺」了，那麼面積單位要是可以隨便用「坪」或「英畝」等其他單位，那換算起來可就麻煩了，而且統一單位的意義也會變得薄弱。

因此，必要的單位從基本單位計算而導出。若是面積單位，就使用長度的基本單位〔m〕，從算式導出〔m〕×〔m〕＝〔m²〕（平方公尺）；若是速度單位，就從算式導出〔m〕÷〔s〕＝〔m/s〕（公尺每秒）等等，由此來導出各種必要單位（〔s〕表示秒）。

任何人都方便使用的單位，必須具備像這樣嚴密且能相互呼應的性質。具備首尾一貫性質的單位系統，就稱為「**單位制**」

角色圖鑑
Part 1

長度
質量
公尺
公斤
電流
安培
時間
秒

m（公尺）／尺／yd（碼）／M（海里）／
a（公畝）／L（公升）／升／kg（公斤）／
N（牛頓）／Pa（帕斯卡）／s（秒）／
m/s（公尺每秒）／°（度）／A（安培）／Ω（歐姆）

m

公尺／metre

過去曾使用原器當作1m的標準。

也曾以敦克爾克到巴塞隆納的距離測量結果，來決定1m的長度。

現在以光在一定時間內行進的距離來定義1m。

量 長度　　**單位制** SI基本單位

定義 光在真空中行進 $\dfrac{1}{299\ 792\ 458}$ 秒的距離

備註 「metre」的字源來自「測量」的希臘語

起源自法國，全世界共通的長度單位
標準從地球子午線演變到光的速度

誕生自地球的長度單位

18世紀末，世界各地到處都有各地區獨有的「長度單位」。只要國家不同，單位就不同——這還能想像，然而即使在同一個國家內，隨著地區、時代與測定對象的不同，生活中也會用到各式各樣的單位。在這情況下，不僅商業交易必須進行繁複的換算，也難以順利進行科學研究。因此，法國政治家**塔列朗**（1754～1838年），打算制定一個全世界共通的單位。

為此，他需要制定成一個全世界都能接受的單位。這時候科學家們，將焦點放到了「地球」上。科學家們決定將北極點到赤道的經線長度的1000萬分之1，當成長度的標準。而這段長度，就是公尺〔m〕。

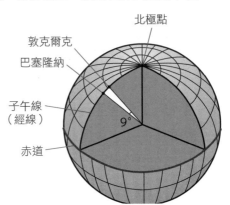

北極點
敦克爾克
巴塞隆納
子午線
（經線）
9°
赤道

長度的基本單位

公尺〔m〕現在是國際單位制SI的「長度」基本單位。日本在1885年成為米制公約加盟國，並於1959年廢止了長年使用的「尺貫法」，計量單位統一為公制。由此，現今日本已使用公尺這個單位長達130年以上了。在日本，說到長度單位就是公尺。

雖然公尺以地球為基準所制定，但在之後科學技術有了飛躍性的突破，現在已經以光的速度來定義了（p.64）。

No. 02 尺

最早的定義源自將手張開，從拇指尖端到食指尖端的長度。

在和服裁衣等領域中，使用的是鯨尺。

現代說的尺一般指的是曲尺。

〔量〕長度　〔單位制〕尺貫法　〔定義〕$\dfrac{10}{33}$ m

〔備註〕1尺≒30.303 cm

尺為自古以來在尺貫法中使用的長度單位
公定的尺源自伊能忠敬製作的折衷尺

測看看自己的「尺」吧

使用人體的一部分當作單位是相當方便的事，「尺」就是其中一個單位。尺源自將手掌張開時的長度。「尺」這個字本身，就是從手張開的模樣延伸出來的象形文字。

不過，尺的長度隨時代、地區及用途有各種變化。譬如尺八這個樂器，其名稱最早來自1尺8寸長的笛子，不過當時使用的尺並非現在説的尺，而是唐代的「小尺」。

伊能忠敬製作的折衷尺

在江戶時代，並沒有公定的尺。即便到了幕府末期，百姓也各自使用長度不一的多種「尺」。

由官方來制定1尺的長度，是1891年的事。在「**度量衡法**」這條法律下，1尺被定義為$\frac{10}{33}$ m（約30.3cm）。這個長度源自江戶時代的商人、地圖測繪家**伊能忠敬**（1745～1818年）在測量全國時所製作的折衷尺。伊能忠敬將當時最普及的「享保尺」與「又四郎尺」的長度平均，最後制定成了折衷尺。

雖然有很長一段時間容許民眾同時使用尺與公尺，但在1958年，尺遭到了廢止。現在無論是交易買賣還是文書證明，都禁止使用尺當作計量單位。

順帶一提，相撲比賽的土俵直徑為4m55cm。或許有些人會認為這個長度並非整數很奇怪，但其實換算為尺，正好就是15尺。

yd

碼／yard

有說法認為此長度源自英格蘭國王亨利一世的人體尺。

高爾夫球比賽或許是身邊最常見到使用碼的競技。

使用英制與美制單位的國家或領域相當少。

量 長度　　**單位制** 英制與美制單位

定義 正確為0.9144m

備註 英制與美制單位的基本單位

起源不詳的長度單位 但也是支撐英美制單位的骨幹

■ 英制與美制單位

在許多「長度單位」中，我們基本上都使用公尺〔m〕，不過有在打高爾夫球的讀者，應該也很常用到碼〔yd〕這個單位吧。另外，美式足球中也會用到碼。

碼是「**英制與美制單位**」的長度基本單位。過去曾以「碼原器」來定義1碼的長度，但在1959年7月後按照國際協約，1碼被嚴格定義成0.9144 m。

其實日本從1909年到1921年這段時期，在正式文件中也可以使用碼當作單位。在這段時期，政府承認尺貫法、公制與碼磅制三種單位系統共同存在。

■「碼」的起源

碼的語源一般認為是「棒子」，但是1碼的長度起源，卻有「腕尺的2倍」、「盎格魯－撒克遜人的腰周長」、「英格蘭國王亨利一世（1068～1135年）伸直手臂時從鼻尖到拇指尖端的長度」等，與棒子沒什麼關聯性的各種說法。實際上，隨不同的地區、時代與用途，碼的確也曾有過各種長度。

首次正式決定1碼的長度，要到英國制定「**帝國標準碼**」的1826年了。而現今仍使用英美制單位的大國，只剩下美國。

M

海里／noutical mile

使用於航海與航空領域。

1 海里的距離約等於地球緯度1分的長度。

量 長度 **單位制** 非SI單位

定義 正確為1852 m（國際海里）

備註 約等於地球緯度1分的長度

海面最強單位？海里為航海、航空距離的單位，海上的mile與陸地的mile不同

▇「海里」與專屬經濟區

雖然有些單位不屬國際單位制SI，但為了對應通商、法律、科學等領域的需求，這些單位仍被認可使用於特定的場合，「海里」便是其中一員。海里限用於「海面或空中的長度計量」。

1海里＝約等於緯度1分的長度

緯線
經線
赤道

1海里〔M〕〔nm〕被準確定義為1852 m，這個長度約等於地球緯度的1分。對於船舶或飛機等長距離移動的載具，這是非常好懂且好用的單位。由於角度的1分指的是1度的60分之1，因此簡單來說，1海里就是地球圓周的21600分之1長。

國家經濟主權所能延伸到的海域稱為「**專屬經濟區**」（EEZ：Exclusive Economic Zone，又稱經濟海域），並制定為從本國領海基線往外200海里（約370km）內的範圍。

▇ 2個「mile」

一般說到「mile」，指的都是陸地上使用的英哩〔mile〕。陸地上的1英哩約等於1609 m，因此海里比英哩還長240 m左右。為避免混淆，有時會將陸地上的英哩稱為「**陸mile**」，而將海里稱為「**海mile**」。

在許多航空公司的「飛行常客獎勵計劃」中，會以乘客的搭乘距離，累計能夠用來兌換獎品的飛行里程。而這個時候的搭乘距離，一般就是用海里來作計算。

公畝／a

多用於農業或
林業。

1 a 的面積從
正方形定義。

量 面積　**單位制** 公制、非SI單位

定義 邊長為10 m的正方形面積

備註 1 a = 100 m²。語源是意為「面積」的拉丁語area

在小學也會學到的重要面積單位
能夠補全SI單位的方便性使其受到歡迎

1公畝有多大？

邊長 1 m 的正方形面積為 1 平方公尺〔㎡〕。而這個大小的正方形若有 100 塊，也就是 100 ㎡的面積，即是 1 公畝〔a〕。

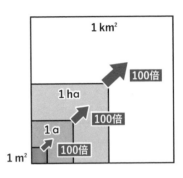

公畝〔a〕是會在小學數學課本中登場的重要單位，但〔a〕與〔㎡〕的換算常讓小學生傷透腦筋。因此，不妨試著以下列方式來進行思考吧。這是將正方形每個邊的長度每次都放大 10 倍的換算方法。

邊長 1mm 的正方形面積 ···· $1mm^2$

邊長 1cm 的正方形面積 ···· $1cm^2$

邊長 1m 的正方形面積 ······ $1m^2$

邊長 10 m 的正方形面積 ···· $100m^2 = 1a$

1公頃有多大？

接下來再試著繼續放大 10 倍看看。

邊長 100 m 的正方形面積····· $100a = 1ha$

邊長 1000 m（＝1km）的正方形面積 ······ $100ha = 1km^2$

我們所使用的面積單位，就像這樣以每放大正方形邊長 10 倍（換算面積即是每放大 100 倍）的方式準備了多個適用的單位，相當方便。順帶一提，公頃〔ha〕的英文 hectare 中的「hect」為表示 100 倍的接頭詞。換句話說，hectare 就是「are 的 100 倍」的意思。

L

公升／litre

你知道書寫體 ℓ 的表記是日本平成年間※才誕生的嗎？

曾有段時期以 1 kg 的水的體積來定義。

現在 1 L 的體積從立方體來定義。

※「平成」是日本的年號，自 1989 年開始到 2019 年結束。

量 體積　　**單位制** SI 可並用單位

定義 邊長為 1 dm（＝10 cm）的立方體體積

備註 1 公升為 1 m³ 的 $\dfrac{1}{1000}$ 體積

公升為公制的體積單位
書寫體的單位符號 ℓ 其實是違反規則

■ 不能用書寫體的 ℓ！

各位在書寫「1公升」時，會用書寫體的「ℓ」寫成「1ℓ」嗎？

其實這是違反規定的，即使在小學時學過這樣的寫法也不行。雖然鮮有人知，但其實單位符號的表記有著不能用「斜體」，必須用「立體（羅馬體）」的規定（p.48）。

可是若使用「L」的小寫「l」，看起來會很像數字的1。過去之所以曾經採用書寫體的「ℓ」來表記，背後有著這一層因素。因此，為避免混淆「l」跟「1」，在1979年的國際度量衡大會上，承認了可以使用大寫的「L」。日本的小學課本上，自2011年度起也全面使用「L」。

■「公升」的定義

那麼接下來我就將「公升」表記為「L」吧。

身邊最容易聯想到的1L，應該就是牛奶盒了吧。理所當然地，1L指的不是包裝的容量，而是裡頭的牛奶有1L，不過可惜的是，從外面無法窺見牛奶盒的裡面。這時候，還請各位不妨先了解1L的定義。

現在1L定義為「邊長1公寸的立方體體積」；1公寸〔dm〕為10cm，也就是説1L為長、寬、高各10cm的立方體體積。請各位想像將這個體積拿在手上的感覺吧。

升

在日本被認為是保佑
生意興隆的吉祥物。

原為人體尺之一，
大致指今日一合左
右的體積。

過去常用於米或
酒的計量。

量 體積　單位制 尺貫法　定義 $\dfrac{2401}{1\ 331\ 000}$ m³

備註 1升在日本約為1.8039 L，在中國則等於1 L

自古以來便存在的尺貫法體積單位
公定的升由豐臣秀吉籌備，江戶幕府製作

1升有多少？

　1958年廢止尺貫法後，長度單位〔尺〕或體積單位〔升〕都禁止再用於交易、證明等文書的計量上。但是，使用至今的瓶子、茶碗等器具的尺寸不會突然就產生變化。甚至可以說，我們長年愛用的器物尺寸，根本就難以產生什麼太大的改變。

　說到1升，或許會讓人聯想到米店的一升枡或日本酒的一升瓶。古代用枡這種工具量米，並以升為單位進行販售。當時並非用質量，而是用體積來販售商品。1升約等於1.8 L（＝1800 mL）。不論一升枡還是一升瓶，都能裝入這樣的體積。

　最近比較少看到一升瓶了，相對地紙盒裝的日本酒則似乎變多了起來。不過拿到手上看，標記還是為1800 mL。看來即使改用紙盒，1升的體積仍舊繼承至今（但最近2000 mL的紙盒也變多了）。

變大的升

　升原本指的是雙手捧起來的體積，但是隨著時代演變，升也變得愈來愈大，直到1669（寬文9）年，升最後固定為現在的體積。在這一年，江戶幕府廢除了豐臣秀吉制定的「京枡」，採用了稱

為「**新京枡**」的容器。新京枡的尺寸為4寸9分四方，深2寸7分。以現在的單位換算，大概就是1.8 L左右。

kg

公斤／kilogram

以前使用原器當作 1 kg的標準。

$$h = 6.62607015 \times 10^{-34} \, Js$$

現在則是以普朗克常數 h 來定義。

（量） 質量　　（單位制） SI 基本單位

（定義） 將普朗克常數 h 的值精準定為 6.626 070 15 × 10^{-34} Js（焦耳秒）時所確定的質量

（備註） 過去的定義為「國際公斤原器的質量」

時隔130年重生的質量單位
定義從公斤原器轉為普朗克常數

🔲 1公斤的由來

　　你能抓到1kg的感覺嗎？空的日本標準小學書包大概就重1kg。不過我想各位應該都與背小學書包的時期有點距離了？這麼一來，果然就要用1 L的牛奶盒了，它的質量大概就是1kg。

　　那麼，1kg到底從何而來呢？

　　答案是**水**。當年制定公制時，將1kg定義為「1氣壓、0℃（後改為水密度最大時的溫度3.98℃）下，1立方公寸水的質量」。1立方公寸就是邊長10cm立方體的體積。或許可以大膽地説，1kg就是1 L水的質量。為了定義〔kg〕，需要〔m〕跟水呢。

🔲 全新「公斤」的處女秀！

　　定義完成後，就能製作出當作標準的「原器」。1880年製作的原器，在隔年受國際認可為「**國際公斤原器**」。而這個原器的質量，被用來定義為1kg。

　　之後經過了100年以上的時間。在這期間，無論公尺還是秒等基本單位，都變更為更為精準的定義，但只有公斤的定義始終保持原樣。直到2019年5月20日的世界計量日後，公斤終於獲得了重生。從今以後，以普朗克常數 h 這個物理常數來定義公斤。

N

牛頓／newton

牛頓擺（一種玩具）。

以牛頓為刻度的彈簧秤。

牛頓是因為看到掉下的蘋果，才發現了萬有引力？

量 力

單位制 具有特定名稱的SI導出單位

定義 使質量1kg的物體產生1m/s²加速度時所需要的力

以艾薩克・牛頓為名的力的單位
力的大小由運動方程式決定

■ 力與質量、加速度的關係

牛頓〔N〕為力的單位。力F由下列
公式（運動方程式）中，物體的質量
m與加速度a的乘積所定義。

$$F = ma$$

最單純的意思就是，想要推動重的
物體，就需要很大的力。在上述公式
中，可知道力F與質量m成正比。另一方面，加速度a表示的是「速度的
變化率」。為便於各位了解而簡單說明的話，就是比起將靜止物體輕輕推
動，想要一口氣快速推動需要更大的力量。

■ 1牛頓的定義為何？

那麼，力的單位是如何導出來的呢？

質量單位為〔kg〕，加速度單位為〔m/s²〕，因此將這兩個單位相乘，
就會得到力的單位〔kg・m/s²〕，不過因為這樣單位變得太長，所以使用
「牛頓」這個特別的名稱來命名，並採用1個字母的〔N〕當作單位符號。
換句話說，1 N就是「使質量1 kg的物體產生1 m/s²加速度時所需要的力
的大小」。而如各位所知，這個單位正是取自英國科學家**艾薩克・牛頓**
（1642～1727年）。

日本在1999年實施新的計量法，開始使用牛頓作為力的單位。在此之
前，則是使用〔kg重〕或達因〔dyn〕等其他單位。

Pa

帕斯卡／pascal

壓力指的是垂直
作用在物體表面
的力。

生活中經常能在天
氣預報裡聽到這個
單位。

從氣球膨脹成
圓形的樣子可
以了解帕斯卡
定律。

| 量 | 壓力 | 單位制 | 具有特定名稱的SI導出單位 |

定義 每1平方公尺所受到的1牛頓的壓力

在氣象資訊中為人熟知的壓力單位名源自證實大氣壓力存在的布萊茲・帕斯卡

■ 同樣的力但感覺方式卻不同？

「壓力」指的是「作用於單位面積的力的大小」。不只是單純的力，「作用於單位面積的力」才是重點。

哪邊比較痛呢？

譬如，請各位試著想像用手掌、指尖、鉛筆尖端來壓自己臉頰。就算用同樣的力量壓，但應該可以想像壓下去的感覺會完全不同吧，這是因為力所作用的面積不同所導致。

我想用數值來表示這種感覺的不同，為此需要進行下列的計算。

$$壓力〔Pa〕= \frac{力的大小〔N〕}{力的作用面積〔m^2〕}$$

■ 壓力單位「帕斯卡」

那麼，壓力單位是怎麼導出的呢？

國際單位制SI中力的單位為牛頓〔N〕，面積單位為平方公尺〔m^2〕です，從而知道壓力單位為〔N/m^2〕。

雖然也可以直接使用〔N/m^2〕，不過這個單位被授與了帕斯卡〔Pa〕這個特別的名稱與單位符號。

$$1Pa = 1N/m^2$$

「帕斯卡」這個單位名源自證實大氣壓力存在的法國科學家**布萊茲・帕斯卡**（1623～1662年）。他也以經典名言「人是一根會思考的蘆葦」流傳後世。

秒／second

形象是《愛麗絲夢遊奇境》中的白兔。

以原子放射週期的持續時間來定義。

原子的能階變化與定義有緊密關係。

量 時間　　**單位制** SI基本單位

定義 銫133原子基態的2個超精細能階間躍遷所對應的放射週期的91億9263萬1770倍持續時間。

備註 「秒」這個字原意為「稻穗尖端的細芒」，後引申為「非常微小」的意思。

起源自地球運動的時間單位
經歷種種曲折後，今日以原子運動來定義

「秒」的定義

各位會怎麼表達「1秒」這個時間的長度呢？

會實際數看看說「1～這樣就是1秒喔」？還是試圖用秒與其他時間的關係來進行說明，譬如「將1天長度分為24等分就是1小時，將1小時分成60等分就是1分鐘，再接著將1分鐘分成60等分就是1秒」？

實際上，在1956年以前，1秒的定義確實是後者。當時將1秒定義為1天（正確來說是平均太陽日）的86400分之1。

而現在「秒」的定義，卻變得比較像是前者，描述中並不會出現「1天」、「1小時」或是「1分鐘」。現在的「1秒」，使用**銫133**這種原子特有的週期，進行極其精準的定義。

然而這並非代表秒與其他時間單位（日、時、分）間失去原有的關係，只是更精確地定義了1秒的長度。

若不好好定義「秒」……

秒〔s〕是國際單位制SI的基本單位之一，是非常重要的單位，但在其他意義上，秒也具有無比重要的地位。其他基本單位，譬如公尺，也會使用秒來進行定義（p.18）。也就是說，若不先決定秒的定義，也就隨之無法決定公尺的定義。

相反地，秒本身不倚賴其他的量，擁有完全獨立的定義。

m/s

公尺每秒
／metre per second

表示速度。

最常見的便是用來
形容速度。

藉由風向袋，可直接
透過視覺了解風速。

量 **速度** **單位制** **SI導出單位**

定義 **1秒間行進1公尺的速度**

備註 **有時也表記成「秒速○m」**

表示秒速的速度單位
速度指的是單位時間內的移動距離

■ 比較「速度」的2種方法

有什麼方法可以用來比較「速度」呢？

譬如「A用4小時跑了42.195 km，B用5小時跑了42.195 km」這個情況，2人的移動距離是相同的。此時可以知道，移動時間比較短的A比較快。

另一種情況是「A用1小時跑了5 km，B用1小時跑了6 km」，這時候2人的移動時間相同。既然如此，可以知道移動距離較長的B比較快。

換句話說，想要表示「速度」，有以下2種方法。

　　① 用移動一定距離所需的時間來表示。
　　② 用移動一定時間後的距離來表示。

■ 所以才是「距離÷時間」！

喜歡跑馬拉松的人，常會用①的方法，以「公里〇分」的形式表達自己跑步的步調。「每公里5分」指的就是以5分鐘跑完1 km的步調。想用這個形式來表達，就要用時間除以距離。不過，由於速度愈快數值會愈小，所以若想用來表示速度，對一般人而言較難以產生實際感受。

因此，想表示速度時，普遍使用②的形式。這是大家所熟悉「距離÷時間」的計算方式。如此一來，當速度愈快時，數值也會隨之增長。

也因為是「距離÷時間」，所以國際單位制SI的速度單位才用〔m〕與〔s〕組合導出〔m/s〕。念作「**公尺每秒**」，英語為「**metre per second**」，有時候也會寫為「秒速〇〇m」。

度／degree

用來測量角度的量角器。

由圓周所定義。

亦可用圓規繪製角度。

量 平面角　**單位制** SI可並用單位

定義 相對於弧的中心，將圓周分為360等分的角度

用度數法表示角度大小的單位
比SI單位更常用的SI可並用單位

1°的定義是？

如30°、90°或180°，我們日常中都用度〔°〕來表示

角的大小（角度），這個方法稱為「**度數法**」。在度數法

中，定義了1°的角的大小，並用其作為單位來表示角有

幾個1°角的大。可以說「用角的大小來測量角的大小」。

那麼1°的定義又是什麼呢？

小學算術中，我們會在二年級學到「直角」。如右圖

般，把紙對折成4份所得到的角就是直角。

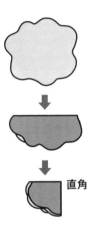

直角

而角度單位度〔°〕則能在四年級學到。將直角分為

90等分，1等分的角的大小就是1°。

簡而言之，1°就是「相對於弧的中心，將圓周分為360等分的角度」

（計量法定義）。

如此定義的理由？

那麼為何要分為360等分呢？

其中一個理由是，天體的運行。地球花費約365日繞行太陽1圈，因此

想進行天體觀測，將圓周分為360等分相當方便。此外，也因為360這個

數字擁有許多因數，相當容易整除。

想表示比1°還小的角度時，會用到角分〔'〕與角秒〔"〕。不過必須多

加注意，1度等於60分，1分等於60秒。

我們熟悉無比的度〔°〕，其實不是SI單位，分類上屬於**SI可並用單位**

（承認可與SI單位並用的單位）。

A

安培／ampere

物理學家安培發現了
安培右手定則。

測量電流的電流表。

量 電流　**單位制** SI基本單位

定義 將基本電荷e的數值固定為 1.602 176 634 × 10^{-19} A·s
時的電流

用來表示眼睛無法見到的電流強度
原本複雜的定義經由科學進步而回歸原點

■ 什麼是電流？

說到單位中的「電流」，指的是「單位時間內通過某一個面的電荷量」。

國際單位制SI的電流單位為安培〔A〕。安培為7個SI基本單位之一，為紀念法國物理學者**馬里‧安培**（1775～1836年）所命名。

安培這個單位，會在國中理化課學到。這個概念可以想像成，在一定時間中，如果流過很多電荷量就叫作「電流很大」，流過的電荷量少就叫作「電流很小」。因此，取得一定時間流過的電荷量（以庫侖〔C〕這個單位表示），再用花費時間（秒）來除，就能得到「電流」。

■「安培」的新定義

但是，想要知道電荷量是非常棘手的事情。將電氣以電氣原本的形式保存便已極為困難，摩擦所產生的靜電頃刻間就會消失。而在發電廠，基本上會按照電量需求的變化來進行發電。

那麼我們該怎麼做？或是說，過去的人們怎麼做的？

當導線通電時，會產生磁場（安培定律）。另外，當2條導線通電時，導線之間會產生吸引力或排斥力（**安培力定律**）。在2019年5月之前，就是利用這個導線間的交互作用來定義安培〔A〕。順帶一提，這個交互作用的發現者，也正是安培本人。

然而，現在安培的定義，又回到了所謂的「原點」，直接固定了電荷量，並以此來進行定義。

Ω

歐姆／ohm

電阻色碼標示出
電阻器的電阻值
與誤差。

象徵電阻的
符號。

橡膠等絕緣體具有
很強的電阻。

量 電阻　　**單位制** 具有特定名稱的SI導出單位

定義 當導體流過的直流電流為1A，而導體2點間的電壓為
1V時，2點間的電阻為1歐姆

以歐姆定律聞名的電阻單位
在多半取自人名的電氣單位中最具代表性

什麼是電阻？

「電阻」簡單講就是「**電流難以通過的程度**」。電阻數值愈大，電流愈難通過。而用來當作電阻單位的，就是歐姆〔Ω〕。

在導體（電流傳導體）兩端施加電壓，使電流通過，此時可知電壓與電流成正比關係。而在其中的比例常數，便是「電阻」。

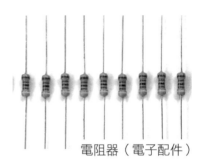

電阻器（電子配件）

試著用文字與方程式來表示這個關係吧。設電壓為E、電流為I、電阻為R，可表示成E＝R×I。這個就是各位在國中理化課上學過，應該很熟悉的「**歐姆定律**」。

雖然是取自人名的單位……

「歐姆」這個單位命名自發表歐姆定律的德國物理學者**蓋歐格‧歐姆**（1789～1854年）。因為歐姆的拼寫為Ohm，本來應該將單位符號設定為〔O〕，但由於這樣容易與數字0混淆，所以依照習慣取用希臘字母的Omega（Ω）來當作符號。

初期的電阻定義為「將截面積1mm^2，長100cm，溫度0℃的純水銀柱的電阻設定為1」，現在的1Ω大小也源自這個早期定義。到了現代，則利用歐姆定律，透過電壓〔V〕與電流〔A〕來定義。

順帶一提，本書在日本由歐姆社出版、發行，而其公司名正源自電阻的歐姆。

書寫單位時須注意的事①

我們在日常生活中都會頻繁使用單位，但是在「書寫」單位時，有幾個注意事項。

單位符號不能用斜體，必須用羅馬體書寫！

或許各位會覺得用斜體把英文字母寫成斜斜的感覺很酷，但這用在單位上是不OK的。譬如，斜體的 m 不是指「公尺」，而是用來表示「質量」的符號。

（**例**）想表示「50公分」時……

× 50*cm*　　　○ 50cm

數值與單位符號間要留間隔！

數值與單位符號不可以連在一起寫。

這個規則對我們來說或許會覺得不可思議，但其實這就像把This is a pen寫成Thisisapen一樣，是錯誤的書寫方式。

（**例**）想表示「50公斤」時……

× 50kg　　　○ 50 kg

不過也有例外，譬如平面角的度、分、秒（°,′,″）就不需在數值與單位符號間留下間隔。

單位符號前需要留空格

雖然我不用就是了

50 kg　　50°

- 長度單位只有公尺
- 尺的同伴們
- 碼的同伴們
- 面積的測量方法
- 公制的體積單位
- 尺貫法的面積、體積單位
- 英制與美制單位中的面積與體積單位

長度、面積、體積 的單位

長度單位只有公尺
加上SI接頭詞來調整吧！

■ 有很多長度單位嗎？

國際單位制SI的長度基本單位為公尺〔m〕。雖然有幾個例外，但作為長度單位使用的，只有公尺而已。

這裡所謂的「例外」，指的就是天文單位〔au〕（SI可並用單位）、海里〔M〕、埃格斯特朗〔Å〕（皆為計量法）這三個非SI單位。由於這些單位多用在特定的領域，因此幾乎可以斷言，我們在日常生活中使用的長度單位，就只有公尺。

「不對吧！除了公尺外，還有公分及公里啊！」

或許有許多人會這麼想吧，不過，長度單位仍只有公尺而已。不論〔cm〕還是〔km〕，全都是〔m〕的同伴。

用〔m〕表示時，可能會出現位數過多，難以處理的情況。這時候就需要在〔m〕之前加上稱為「**接頭詞**（前綴詞）」的語綴，將位數往下調整。譬如，1000 m可以寫為1 km（公里），0.000001 m則可以寫為1 μm（微米）。

■ 一起了解多種接頭詞！

如果只限小學的算術，可以學到以下這幾種接頭詞。

名稱	符號	大小
kilo	k	1000倍
hector	h	100倍

名稱	符號	大小
deci	d	10分之1
centi	c	100分之1
milli	m	1000分之1

表示100分之1的接頭詞「c」，以公分〔cm〕為人所熟知。不過，這不一定只能與公尺〔m〕搭配在一起才行，與其他單位配在一起使用也可以，例如公毫〔cg〕與厘升〔cL〕。只是因為我們在生活中很少見到這些使用例，所以才覺得陌生而已。

除此之外，表示100倍的「h」、表示10分之1的「d」等等，還有非常多接頭詞可供使用。最近如「mega（M）」、「giga（G）」、「tera（T）」、「nano（n）」或是「pico（p）」都變得愈來愈耳熟能詳了。我們在日常中使用表示千兆倍的「peta（P）」，說不定已是指日可待的事。

【SI接頭詞】

1 000 000 000 000 000 000 000 000	10^{24}〔yotta〕（Y）
1 000 000 000 000 000 000 000	10^{21}〔zetta〕（Z）
1 000 000 000 000 000 000	10^{18}〔exa〕（E）
1 000 000 000 000 000	10^{15}〔peta〕（P）
1 000 000 000 000	10^{12}〔tera〕（T）
1 000 000 000	10^{9}〔giga〕（G）
1 000 000	10^{6}〔mega〕（M）
1 000	10^{3}〔kilo〕（k）
100	10^{2}〔hector〕（h）
10	10〔deca〕（da）
1	
10^{-1}〔deci〕（d）	0.1
10^{-2}〔centi〕（c）	0.01
10^{-3}〔milli〕（m）	0.001
10^{-6}〔micro〕（μ）	0.000 001
10^{-9}〔nano〕（n）	0.000 000 001
10^{-12}〔pico〕（p）	0.000 000 000 001
10^{-15}〔femto〕（f）	0.000 000 000 000 001
10^{-18}〔atto〕（a）	0.000 000 000 000 000 001
10^{-21}〔zepto〕（z）	0.000 000 000 000 000 000 001
10^{-24}〔yocto〕（y）	0.000 000 000 000 000 000 000 001

尺的同伴們
寸、間、町、里、尋、文

拇指寬度的「寸」

以長度單位尺、質量單位貫為基礎的單位制，稱為「**尺貫法**」。前面已在p.21介紹過尺，那麼這邊就接著介紹寸、間、町、里等尺貫法的長度單位。

先從最小的開始。

尺的10分之1長度（約3.03cm）就是「寸」。寸的長度據說源自拇指的寬度。一寸法師的身高就是設定成1寸左右。

寸	量：長度 單位制：尺貫法 定義：(1/10) 尺 備註：1寸≒3.030 cm

此外，1寸10分之1的長度叫作「分」（約3.03mm），後面每10分之1各接著「厘」、「毛」、「糸」等單位。

現代仍然常用的「間」

接下來從大的開始。

1間為1尺（約30.3cm）的6倍長，大概是1.8m。「間」原指的是樑柱與樑柱之間的間隔。在建造房屋時，間便成了房屋的基準尺寸。

間	量：長度 單位制：尺貫法 定義：6尺 備註：1間＝1.8182 m

或許各位會覺得自己身邊從未用過「間」這種單位，但其實各位家中的門、紙門的縱長說不定就是1間。在日文中俗稱「36板」的標準尺寸合板，其短邊就是3尺（半間），長邊就是6尺（1間）。各位仔細端詳，便可以了解即使是近代建築物，其中仍使用了許多的「間」。

1間的60倍為1町，1町的36倍長為1里。這些主要是用在土地或距離

測量上的單位。

$$1町＝60間≒109.1\ m \qquad 1里＝36町≒3.927\ km$$

「里」可追溯自古代中國的周朝。由
於古代想測量這麼長的距離非常困難，
所以只能用步行所需的時間來得到距

里	量：長度
	單位制：尺貫法
	定義：1里＝36町
	備註：1里＝3.9273 km

離。因此，同樣是1里，山路與平地的距離不同在當時並非罕見的事。直
到進入明治的1891年，才統一了「1里＝36町」這個定義。順帶一提，
1里（約4 km）大概是人走1個小時的距離。

把手張開？腳的長度？

「尋」這個單位源自大人把雙手張開
時的長度。在1872年的太政官布告
中，將1尋定義為6尺（約1.8 m）。

尋	量：長度
	單位制：尺貫法
	定義：6尺
	備註：1尋≒1.818 m

「尋」主要用於測量繩子、網子與水深。手持釣線，並拉到如雙手張開
時的長度大概為1尋，拉2次就會是2尋。最後將釣線垂落進海底，就可
以知道水深。

順帶一提，動畫電影《神隱少女》中女主角的名字「千尋」，指的正是
1000尋，用來比喻非常長、非常深的意思。

最後要介紹的是「文」。在日本，會
用「文」來表示襪子或鞋子的尺寸。1
文為2.4 cm，這個長度源自一文錢的
直徑。

文	量：長度
	單位制：尺貫法
	定義：0.024 m
	由 ：一文錢的直徑

年輕的讀者可能不知道，往年的職業摔角手——巨人馬場的拿手招式便
叫作「十六文踢」。16文便是指鞋子的尺寸。

碼的同伴們
英呎、英吋、英哩

■ 較大的腳「英呎」

　　將長度基本單位設為碼〔yd〕，質量基本單位設為磅〔lb〕，時間基本單位設為秒〔s〕的單位制，便是所謂的「**碼磅制**」，又稱為英制與美制單位。碼磅制起源自古代的英國，在國際正式採用公制前，長久以來一直是英國的計量單位制。這裡將介紹英呎、英吋、英哩等幾個碼磅制的長度單位。

> **ft**
> 英呎／foot，feet
> 量：長度
> 單位制：英制與美制單位
> 定義：（1/3）碼
> 備註：1 ft＝0.3048 m

　　1英呎〔ft〕定義為1碼的3分之1，準確的數值為30.48cm。從英文原文「foot」可以知道是典故來自腳的單位，不過這腳還真是大得驚人呢。

　　足球球門內側的尺寸為2.44m×7.32m。乍看之下是很奇怪的數字，但換算成英呎就知道剛好是8 ft×24 ft。此外，重建於紐約世貿中心原址的超高層摩天大樓「世界貿易中心一號大樓（1WTC）」，其高度為1776ft（約541m），正是為紀念1776年的美國獨立。

■ 拇指寬度的「英吋」

　　英吋〔in〕的長度跟寸相同，都源自拇指的寬度。1英吋為1英呎的12分之1，準確數值為2.54cm。

> **in**
> 英吋／inch
> 量：長度
> 系：英制與美制單位
> 定義：（1/12）ft
> 備註：1 in＝2.54 cm

　　我們在不知不覺中都仰賴著英吋。電視、手機或平板的螢幕尺寸，會用英吋標示其對角線的長度。所謂「32型」的液晶電視，就是指螢幕對角線長度為32英吋（約81cm）的電視。另外，單車的車輪外徑或褲子的腰圍也多標示成英吋。鮮有人知的是，膠帶的軸心內徑分成3英吋（76mm）與1英吋（25mm）的類型。

除此之外，足球、棒球等運動領域，也常會用到英吋這個單位。

■「英哩」的由來

去到美國會發現，許多道路交通標誌皆用英哩〔mile〕來表示。若誤以為是〔km〕，很容易就會發生交通事故，必須多加小心。

英哩的起源説來話長。

各位知道自己的步幅有多寬嗎？想要測量很長的距離時，直接走完這個距離，並用步數來表示是最直接、最方便的方法。只要了解步幅，就可以用「步幅×步數」的方式算出距離。

古羅馬曾有**羅馬步**（passus）這個單位，每 2 步的步幅就是 1 羅馬步，而1000 羅馬步稱為**千步**（millepassus），其中的 mille 被認為就是現在英哩

mile	英哩／mile〔mi〕〔ml〕 量：長度 單位制：英制與美制單位 定義：1760 yd 備註：1609.344 m（準確值）

（mile）的由來。1 英哩約等於 1600m，因此倒過來算，1 步的步幅約是80cm左右，可説相當大的一步呢。

順帶一提，田徑運動中徑賽項目之一的 1500m 賽跑，原本是為了代替「1英哩賽跑」所開始的項目。另外，4×400m 接力賽跑由於總長度為1600m，所以偶爾也被稱為「1英哩接力」。

最後再介紹一個**化朗**〔fur〕吧。1 化朗為 220 碼（201.168m），也就是説「1英哩＝8化朗＝1760碼」。喜歡賽馬的讀者應該都知道化朗這個單位，不過日本賽馬為了方便，將1化朗定為200m。

第1章

長度、面積、體積的單位

面積的測量方法
平方公尺〔m²〕是導出單位！

■ 填補區間的「公畝」與「公頃」

在角色圖鑑（p.27）所介紹的公畝〔a〕與公頃〔ha〕，其實都不是國際單位制SI的單位。雖然公頃可與SI單位並用，但關於公畝，現況卻是不允許公畝用於正式文件中。不過在日本的計量法中，只要限定於土地面積的計量，便特別允許可使用公畝來表示。

SI的面積單位是平方公尺〔m²〕。其100倍的面積是公畝〔a〕，再100倍的面積則是公頃〔ha〕，最後再乘100倍才是平方公里〔km²〕。〔m²〕與〔km²〕之間相差100萬倍，難以彼此換算，而〔a〕與〔ha〕正好填補了中間的區間。

■ 導出單位

再重複一次，SI的面積單位為平方公尺〔m²〕。每邊長1m的正方形面積就是1m²。

m² 平方公尺／
square metre
量：面積
單位制：SI導出單位
定義：邊長1公尺的正方形面積

然而各位是用記憶的方式記住面積單位平方公尺〔m²〕的嗎？我想應該不是。面積單位，是從長度單位組合所導出的。

譬如，請試求長3m、寬4m的長方形面積。長方形面積，由長×寬所求得，因此從以下算式可知道答案。

$$3\,m \times m = 1m^2$$

試著從這個簡單的算式中，只把單位抽出來吧，這樣就能清楚理解從長度單位導出面積單位的方式。

$$〔m〕\times〔m〕=〔m^2〕$$

「原來如此！因為〔m〕乘了2次，所以才加上1個小的2表示2的平方啊！」——沒錯。同樣因為是〔cm〕×〔cm〕所以才是〔cm²〕，因為〔km〕×〔km〕所以才是〔km²〕。

每次談到這個話題，都會有很多人感動地說：「原來是這麼回事，我現在才知道！」〔m²〕並非憑空生出的單位，而是從〔m〕與〔m〕的乘積所導出而來。像這樣的單位，被稱作「**導出單位**」。

$$[m] \times [m] = [m^2]$$

長方形的面積為什麼是長×寬？

說到底，為什麼長方形面積是用長×寬算出來的呢？因為那是面積的定義嗎？不不不，並非如此，這是有理由的。

面積要用面積來測量。只要計算長方形之中，有幾個用來當作單位的正方形，就可以知道長方形面積。

譬如，在長3m、寬4m的長方形中，有幾個1m²的正方形？只要算出正方形的數量就可以知道答案了，總共12個。因此，這個面積便標示為12m²。

你說這不用數也知道？是的，正是如此。正方形在長邊排了3個，寬邊排了4個，因此3×4＝12（個）。這樣的算法，

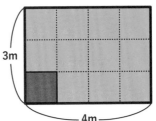

3m

4m

可以讓我們從數盡所有正方形的作業中解脫。用長×寬來計算長方形面積，不過只是用更有效率的方法求單位面積的個數罷了。

公制的體積單位

立方公尺、cc

▦ 將1公升的立方體……

1L指的是每邊長10cm的立方體體積。

$$10\,cm \times 10\,cm \times 10\,cm = 1000\,cm^3$$

亦即1L與1000cm^3（立方公分）完全相同。

那麼，將每一邊的長度縮減為10分之1的1cm看看。

$$1\,cm \times 1\,cm \times 1\,cm = 1\,cm^3$$

這樣就變成1L立方體體積的1000分之1了，這時候就會將這份體積用表示1000分之1的接頭詞「milli（m）」表記成1mL（毫升）。〔mL〕這個單位在日常生活中隨處可見。

那麼這次將1L立方體的邊長乘以10倍，改成100cm，也就是用1m來計算吧。

$$100\,cm \times 100\,cm \times 100\,cm = 1000\,000\,cm^3$$

體積變成1000倍的1000 L。這份體積可以用表示1000倍的接頭詞「kilo（k）」表記成1kL（公秉）。而這，就是1m^3（立方公尺）。

▦ 國際單位制的體積單位是什麼？

前面說了一大段有關公升的話題，但其實公升並非國際單位制SI的單位。公升屬於「可與SI單位並用的非SI單位」（**SI可並用單位**）。

SI的體積單位是立方公尺〔m^3〕，也就是每邊長1m的立方體體積。

但是，請各位試著想像這個尺寸的立方體。一般家庭中的浴缸水量大約是180～200 L左右，由此可以了解其實1m^3（＝1000L）的體積大得很驚人。也

> m^3 立方公尺／
> cubic metre
> 量：體積
> 單位制：SI導出單位
> 定義：邊長1公尺的立方體體積

因此，便於生活中使用的〔L〕或〔mL〕才會受到人們的重視。

此外，小學還會學到分升〔dL〕這個單位，為1L的10分之1體積。「deci（d）」是表示10分之1的接頭詞。在國外，厘升〔cL〕也是常見的單位，為1L的100分之1體積。

什麼是「cc」

在體積單位中，〔cc〕或許最為人所知，這是cubic centimetre（立方公分）的首字母縮寫，在意思上與〔cm^3〕完全一樣。

$$1cc = 1cm^3 = 1mL$$

CC	cc／cubic centimetre
	量：體積
	單位制：非SI單位
	定義：邊長1 cm的立方體積
	備註：最好使用〔cm^3〕

當然，〔cc〕並非SI單位。即使在日本的計量法中，也要求單位必須使用〔cm^3〕。

尺貫法的面積、體積單位
坪、反、升、合、勺、斗、石

■ 最具代表性的面積單位果然是「坪」?

雖說尺貫法如今幾乎不再使用，但我想各位至少都聽過其中面積單位的「坪」吧。

坪	坪、步 量：面積 單位制：尺貫法 定義：$(400/121)m^2$ 備註：邊長6尺的正方形面積，約為$3.305\ 7851\ m^2$

1坪的面積定義為$\frac{400}{121}\ m^2$，這個大小相當於邊長6尺（＝1間，約1.8 m）的正方形。因此1坪約等於$3.3m^2$，大概是2塊榻榻米的面積。

實際上，還有一個面積完全相同的單位「步」。一般而言，「坪」用來測量房屋或地皮的面積，「步」則是用來測量田地或山林等野外土地的面積。

另外，坪還有如下表般的其他倍量單位。幸運的是，畝、反（段）、町各自與1a、10a、1ha等面積相近，因此從尺貫法轉移成公制時並沒有產生太大的困擾。

反	段 量：面積 系：尺貫法 定義：300 備註：約991.74 m²、約10 a

順帶一提，日本的田地大小以1反為基準尺寸。面積為1反的正方形，每邊長大概是31.5m。

坪（步）的倍量單位

1坪（步）	—	約3.3 m²	—
1畝	30坪（步）	約99.174 m²	約1 a
1反（段）	10畝	約991.74 m²	約10 a
1町	10段	約9917.4 m²	約1 ha

「升」的分量單位

接下來是尺貫法的體積單位。

我們在角色圖鑑（p.30）介紹了「升」，1升約等於1.8 L。

平時看到的電子鍋內鍋，通常會標記便於衡量米量的刻度。不過各位發現了嗎？刻度上並沒有單位，只寫著1、2、3、4、5……而已。

那個刻度的單位是「合」。1合是1升的10分之1，大概是180 mL。用來量米的量米杯，1杯正好會是1合。還請各位注意，別用一般的量杯來量米了。

再接著，1合的10分之1體積稱作1勺。

1合 = 10勺 = 180.39 mL
1勺 = 18.039 mL

「升」的倍量單位

最後來介紹升的倍量單位吧。

到了冬天，時常看到商店販賣18 L（10升）的燈油，這個體積稱為1斗（約18 L）。各位應該都知道一斗樽、一斗罐等容器吧。以一斗樽來說，直徑、高度皆大約是40 cm左右。

而乘以10倍的10斗（約180 L），就是所謂的1石。在江戶時代，各藩的領地規模並不會用面積，而是用糙米的體積（石高）來表示。過去加賀藩曾號稱「金澤百萬石」，這裡的「石」指的便是體積單位。在當時，一般認為1個大人每1年所消耗的米量，幾乎就等於1石左右。

英制與美制單位中的面積與體積單位
英畝、加侖、桶

■ 從牛的能力誕生的單位

在英制與美制單位中,有英畝〔ac〕這個面積單位。現在的定義如右所示。

定義中的「桿」是長度單位,1桿為16.5英呎,約為5 m。因此,1英畝約等於20 m×200 m的土地面積。這樣

> **ac**
> 英畝／acre
> 量:面積
> 單位制:英制與美制單位
> 定義:4桿×40桿的土地面積
> 備註:約4046.86 m²（以國際英呎為準）

看來似乎是相當細長的土地呢,但其實這個單位,源自於種植作物的田壟,基本長度為40桿這個典故。

讓2頭公牛套上軛、拉動犁,1天能犁田的面積,就是英畝這個單位的由來,真是非常特別呢。

然而在這個定義中,1天能犁田的面積,會隨著土地的狀態（形狀、硬度、傾斜度等等）而有所不同。不過話又說回來,這個定義還是有好處,只要同樣是1英畝,那麼就算土地面積不同,仍是用2頭牛犁田1天的面積。

也就是說,比起土地面積,英畝這個單位更著重在「犁田」這個行為上。

■ 1加侖有多少？

接著介紹英制與美制單位的體積單位。

在美國,水或汽油皆以加侖〔gal〕這個單位來販賣。不過其實,加侖隨著國家、時期與用途有各種定義,這邊只介紹最有名的2種加侖。

> **gal**
> 美制加侖／gallon（US）
> 量:體積
> 單位制:英制與美制單位
> 定義:3.785 412 L
> 備註:用於日本計量法中的加侖為美制加侖

　　主要用於美國等地的稱為**美制加侖**〔gal（US）〕，約為3.785 L。而主要用於英國或加拿大的則是**英制加侖**〔gal（UK）〕，約為4.546 L。加侖〔gal〕的語源是拉丁語中有「水桶」等意思的單字galleta。

　　加侖在日本是極為少見的單位，不過葡萄酒愛好家也會在不知不覺間用到加侖。外國產的葡萄酒一般用的酒瓶容量為750 mL，而這大約是美制加侖的5分之1，英制加侖的6分之1。

　　1加侖的4分之1（約946 mL）為**1夸脫**（quart），8分之1（約473 mL）為**1品脫**（pint）。曾在美軍統治下的沖繩縣，即使到了現在，牛奶或果汁等飲品仍會用夸脫、品脫作為單位來販售。

1桶有多少？

　　原油或石油產品的交易中，桶〔bbl〕是最常見的單位。

　　桶的英文barrel便是「木桶」的意思。同樣地，桶隨著地區與內容物的不

> **bbl**
> 美制桶／barrel（US）
> 量：體積
> 單位制：英制與美制單位
> 定義：42 gal（US）≒
> 　　　158.987 L
> 備註：這個定義為石油用的石油桶

同，1桶的體積也有所差異。現在，通用於國際上的，僅有用於石油的石油桶。由於過去曾用酒桶來運送石油，因此這個單位才沿用至今。

　　1石油桶為42加侖，大約是159 L。一般家庭的浴缸水量大概是180 L左右，所以1石油桶的量比浴缸還要再少一些。

barrel

公尺〔m〕的定義演變

18世紀末　地球子午線上北極點－赤道間長度的1000萬分之1

我們已在p.19介紹過，公尺長度的由來是地球，以北極點到赤道的長度的1000萬分之1作為1 m。說起來簡單，但實際上，測量北極點－赤道間的距離簡直難如登天。

因此，實際上測量的是從法國北岸的臨海城鎮敦克爾克，到西班牙巴塞隆納（北極點－赤道的10分之1）的距離。

當年處在法國大革命後政治情勢最不穩定的時期，有些人被逮捕，有些人因此而喪命。然而歷經重重困難誕生的「公尺」，卻始終難以普及。

1889年　國際公尺原器的長度

特別製造的30根公尺原器中，No.6被採用為「國際公尺原器」。目前國際公尺原器嚴加保管於巴黎近郊的塞夫爾的國際度量衡局中。日本也有No.22的原器，據說這根原器僅僅比No.6還短了0.78 μm。

公尺原器在當年最為精密的技術下所製造、保管，可説到底仍只是「物體」。既然是物體，就可能膨脹、收縮，也具有破損或竊盜的風險，因此最後決定不再仰賴人造物，透過自然現象來定義公尺。

1960年　藉由氪原子的光波長來定義1m

1983年　從光的速度來定義1 m

而到了現在，定義則如以下所示。

光在真空中行進 $\dfrac{1}{299792458}$ 秒的距離

- 公制中的質量單位
- 尺貫法的質量單位
- 英制與美制單位中的質量單位
- 壓力的單位
- 用漢字表示的單位

質量與壓力的單位

公制中的質量單位
公斤、公克、公噸

■ 國際公斤原器

雖然國際公斤原器現在已經退役了，不過畢竟長久以來都是 1 kg的定義基礎，所以我想在這邊好好介紹國際公斤原器。

國際公斤原器是直徑、高度皆為約39 mm的圓柱體砝碼，由90%鉑及10%銥的合金所製成。

這個原器決定了全世界的 1 kg，因此背負的責任至關重大，只要稍有損傷，全世界的公斤就會跟著改變。因為不能隨意碰觸，所以它被二層玻璃容器罩住，保管在真空之中。現在，國際公斤原器保管在法國巴黎近郊的塞夫爾的**國際度量衡局**。

在同一時期，這個原器製造了 40 個複製品。日本分配到 No. 6 的複製品，即是「日本國公斤原器」，現保存於茨城縣筑波市的**獨立行政法人產業技術綜合研究所**內。順帶一提，日本的原器比法國的原器重 0.176 mg。

■ 原器什麼地方不好？

自 2019 年 5 月起，公斤的新定義開始生效。但是，透過國際公斤原器來定義公斤，到底是什麼地方有問題呢？

因為原器是「物體」，必然會劣化，難以斷言原器絕對不會遭到損傷或出現缺陷。此外，就算受到嚴加保管，仍有失竊的風險。更重要的是，依賴人造物已經過時，無法承擔超高精密度的測定。

那麼，隨著定義改變，我們的體重也會有變化嗎？

別擔心，大家的體重不會變。雖然 1 kg 的定義變了，但 1 kg 質量本身並沒有變。改變定義，只是讓測量可以更加精密而已。也由於改變定義會影響非常多的人事物，科學家們對定義極其謹慎，因此我們應不會察覺到其

中的變化。沒有任何需要擔心的問題，各位家中的體重計還是可以正常使用。

1 kg的1000分之1的質量，以及1000倍的質量是？

其實公制制定當年，本預定要用公克〔g〕當作質量基本單位。但是，1g的質量實在太小，平時難以運用，於是最後才決定採用1000倍的公斤〔kg〕當

g	公克／gram 量：質量 單位制：SI基本單位的 　　　　分量單位 定義：1 kg的1／1000的質量

作基本單位。在這樣的來龍去脈下，誕生了有著接頭詞的基本單位。

結果，1g被定義為1 kg的1000分之1的質量，因此本來1g應該要標記成1mkg（毫公斤）才對。只是連接2個接頭詞實在太容易混淆，最後還是維持原本的1g。順帶一提，「公克」（gram）的語源是意思為「小重量」的希臘語。1g也等於1cm³的水的質量。

同樣地，1 kg的1000倍質量，也沒有標記成1kkg（千公斤），而是1Mg（百萬克）。不過，我們比起〔Mg〕，更

t	公噸／ton 量：質量 單位制：SI可並用單位 定義：1000 kg

多時候會用公噸〔t〕這個單位。雖然公噸並非SI單位，但承認可與SI單位合併使用。

1t為1000 kg，這與1m×1m×1m的水，也就是1000 L水的質量幾乎相同。此外，公噸英文「ton」源自意思為「木桶」的古法語。

尺貫法的質量單位
貫、勺、斤

貫穿一文錢！

尺貫法的質量單位中有「貫」。貫這個質量單位的由來，恰與「貫穿」有著密切關係。

貫	量：質量 單位制：尺貫法 定義：(15/4)kg 備註：1貫＝3.75 kg

用天秤測量質量時，需要用到砝碼，或是用許多微小但質量均一的物體來代替砝碼才會比較方便。譬如……沒錯，就是貨幣。在中國，自古以來就會用貨幣的質量，當成質量單位來使用。

日本也相同。**寬永通寶**（一文錢）這種貨幣被當成質量基準，並創造了「勺」或「錢」等表示一文錢重量的單位。勺在日文中讀作「MON ME」，與「文目」這個詞，也就是一文錢的重量讀音相同。1勺質量為3.75 g。

寬永通寶之所以會在中央打穿四邊形的孔，是因為帶著很多一文錢走在路上非常麻煩，所以可以在孔中穿進稱為「錢差」的繩子，一口氣把一文錢全部串起來。這個狀況，正可以說是用繩子**貫穿**了貨幣吧！

一文錢1000枚的質量就是「貫」。換句話說，**1貫＝1000勺**。

明治的度量衡法（1891年）中，明確規定1貫為國際公斤原器的4分之15，也就是3.75 kg，但因為尺貫法已於1958年廢止，所以貫現在並非法定單位。

1勺 = 3.75g

■ 不知不覺間使用的「斤」

那麼生活在現代的我們，已經完全忘了尺貫法的質量單位嗎？不，現在仍有幾個單位頑強地堅持下來，其中一個就是「斤」。

斤

量：質量
單位制：尺貫法
定義：160勻
備註：1斤＝600 g

「斤？我才沒用過這種單位呢！」

不不不，我想只是因為你沒發現自己用過而已。

1891年的度量衡法中，規定1斤等於160勻。也就是說，1斤剛好是600 g。在尺貫法廢止前，牛肉或砂糖等原料皆以像是「1斤多少錢」的方式進行買賣。

現在在日本最可能使用斤的場合，就是買吐司。就是那個「請給我1斤吐司」的「斤」。雖然有些人會以為那是吐司的「量詞」，但不對，「斤」是質量單位。

實際上除了度量衡法的定義外，還有好幾種不同的斤。對舶來品（外國來的產品），過去曾使用過「**英斤**」。英斤的1斤為120勻（450 g），這是意識到1磅（約453.6 g）的定義。由於早期吐司的模具皆從美國或英國進口，因此當然用的是英斤。

然而在那之後，1斤吐司的重量變得愈來愈輕。現在商店中包裝販賣的1斤吐司，大概連450 g都沒有。現在的1斤，根據公正競爭規約被規定為340 g（以上）。

英制與美制單位中的質量單位
磅、盎司、格令

1個成人1天吃掉的麵包

古代美索不達米亞曾有過以1粒大麥的質量為標準的**格令**（grain）〔gr〕這個極小的質量單位。現在，其質量受到精準定義，1格令為0.06479891 g。

就用這些大麥來做麵包吧。1個成人1天食用的麵包所需的大麥質量，就是磅〔lb〕的由來。

磅是英制與美制單位中的質量基本單位，但其實磅有很多種類。

現在最常使用的磅為「**國際常衡磅**」，1磅約為0.45 kg（約450 g）。與剛才的格令進行換算，為「1磅＝7000格令」。

lb	磅／pound 量：質量 單位制：英制與美制單位的基本單位 定義：0.453 592 37 kg （常衡磅，定義值）

在我們的生活中鮮少有機會看到磅，但仔細尋找，很快能從身邊的事物中找到磅的存在。

「紅方選手～185磅……」等等，在拳擊賽中會用磅來宣告選手的體重。

各位的體重有幾磅呢？

若為72 kg重，那就除以0.45 kg……大概是160磅左右。

此外，保齡球使用的是4～16磅的球。12磅的保齡球約為5.4 kg。

除此之外，時常也能看到奶油或果醬裝成450 g來販賣，請各

位到商店中找一找馬上就能找到了。是説，「磅蛋糕」的名字，正是取自奶油、蛋、砂糖各放入1磅攪拌而成的做法。

磅的符號卻是〔lb〕?

為什麼磅的單位符號是〔lb〕呢?

古羅馬曾用「**里拉**（libra）」這個單位表示「1個成人1天食用的麵包所需的大麥質量」，這時「～里拉的重量」被寫為「～libra pondus」。從此以後，「磅」就被視作「里拉」的別名。「libra」的意思是「天秤」。順帶一提，作為貨幣單位的「磅」符號「£」，取自libra的首字母L。

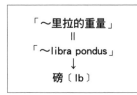

磅〔lb〕與盎司〔oz〕

盎司〔oz〕是比磅還要小的質量單位。若是釣客，應該都知道假餌的質量有時候會用盎司來表示。

雖然盎司也有很多種類，不過常衡盎

oz	盎司／ounce
	量：**質量**
	單位制：**英制與美制單位**
	定義：（1/16）lb
備註：1 oz＝28.349 523 125 g （準確值）	

司中，1盎司約為28 g，這相當於常衡磅16分之1的質量。

在日本，想要寄送一般郵件（書信）時，費用會以25 g為界，超過25 g需增加費用。而在美國，則是以1盎司為界增加寄送費用。

此外，保齡球使用的是4～16磅的球。12磅的保齡球約為5.4 kg。

壓力的單位
大氣壓、百帕、毫巴、毫米汞柱

■ 氣壓的單位「大氣壓」

國際單位制SI的壓力單位為帕斯卡〔Pa〕(p.36),不過除此之外還有很多種壓力單位,其中一個就是「大氣壓」。

地球被大氣所覆蓋,地表所有物體皆受到空氣的壓力(雖然我們幾乎不曾留意過這件事……),這就是所謂的大氣壓力。但是,從每天的天氣預報可以知道,大氣壓力會隨著地區與氣象條件而有所差異,因此國際度量衡大會將海平面上的平均氣壓定為「標準大氣壓」,並定義為「1大氣壓」。順帶一提,如果把1大氣壓換算為〔Pa〕,則是**101325 Pa**。

山頂等高處的氣壓會變低,譬如富士山山頂的氣壓約為0.6大氣壓,聖母峰峰頂更約莫只有0.3大氣壓。此外,想表示水壓時也會用到「大氣壓」,水深10 m處的大氣壓力為1大氣壓,水壓為1大氣壓,合計共有2大氣壓的壓力。

1大氣壓有時候可表記為1 atm。〔atm〕是意思為大氣的英文單字atmosphere的首3個字母縮寫。

> **atm**
>
> 大氣壓
> 量:壓力
> 單位制:公制,非SI單位
> 定義:101 325Pa

■ 1030毫巴的氣壓是?

說到天氣預報會用到的氣壓單位,最常見的就是百帕〔hPa〕了。「h」是表示100倍的接頭詞,〔hPa〕指的也就是〔Pa〕的100倍。

百帕自1992年的12月起一口氣普及開來,這是因為在此之前使用的毫巴〔mbar〕並非SI單位,最後遭到了淘汰。1 bar是100000 Pa,1 mbar為1 bar的1000分之1的壓力。

順帶一提,以往天氣預報所說1030 mbar的氣壓,如果換算成

〔hPa〕，為 1030 hPa。是的，只有單位改變而已，數值本身沒有任何變動。使用接頭詞〔h〕，就能沒有太大壓力地，轉移到了新的單位上。

bar　巴／bar
量：壓力
單位制：公制，非SI單位
定義：100 000 Pa
備註：此壓力等作用在每 1 m² 的 10 萬 N 的力

血壓的單位？

氣壓是怎麼測量的呢？義大利物理學者伽利略的學生**托里切利**（1608〜1647），他所進行的實驗便是一個有名的例子。

將水銀放入其中一端封閉的玻璃管中，並倒插進水銀槽內。這時候，玻璃管中的

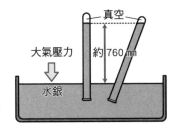

真空
大氣壓力　約 760 mm
水銀

水銀，無論如何都只能上升到距離水銀面約 760 mm 的高度。這是因為，此時水銀柱壓在水銀面上的壓力，與大氣壓力相同所導致。也就是說，我們可以用水銀柱的高度來表示氣壓（壓力）了。因此當時所使用的單位，就是毫米汞柱〔mmHg〕，Hg 指的就是水銀的元素符號。1 大氣壓等於 760 mmHg。

我們的血壓，也是用壓力單位來表記。雖然常用「收縮壓 140、舒張壓 90」這種不含單位，只講數值的說法，但其實這時使用的單位正是〔mmHg〕。

mmHg　毫米汞柱／
millimetre of mercury
量：壓力
單位制：公制，非SI單位
備註：（101 325/760）Pa

最後來整理〔atm〕、〔hPa〕、〔mbar〕、〔mmHg〕彼此間的關係吧。

1 atm = 1013.25 hPa = 1013.25 mbar = 760 mmHg

用漢字表示的單位
「公分」在日文中如何用漢字表示？

■「平米」是什麼？

到底什麼是「平米」呢？

每次有人問我這個問題，我都覺得果然這個說法實在不好懂。答案沒什麼，其實「平米」就是〔m²〕……

讓我們按照歷史來說明吧。當年日本在導入公制與英美制單位的時候，是用漢字來當作音譯表記。

（例） metre（公尺）…… 米突

　　　 gram（公克）……… 瓦羅牟

在這之後，僅用「米」或「瓦」等1個字，就能各自表達「公尺」或「公克」。若是面積單位「平方公尺」，就是寫成「平方米突」，最後再簡化成「平方米」或「平米」。「立方公尺」也是同樣規則，簡寫成「立方米」或「立米」。

■ 組合漢字後……

有趣的是，將漢字與漢字拼湊起來後，就能創造出新的漢字。譬如，讓表示公尺的「米」與表示「100分之1」的「厘」合體……「米」＋「厘」→「粴」。

各位懂了嗎？這樣就創造出「公分」的漢字了！這邊再多介紹幾個常見單位的漢字表記吧。

【長度】

粁 …… 公里	粨 …… 公引	籵 …… 公丈
米 …… 公尺	粉 …… 公寸	糎 …… 公分

粍 …… 毫米　　　粆 …… 微米

【質量】

瓩 …… 公斤　　　瓸 …… 公兩　　　瓧 …… 公錢
瓦 …… 公克　　　瓰 …… 公銖　　　甅 …… 公毫
瓱 …… 毫克　　　瓲 …… 微克　　　瓲 …… 公噸

【面積】

平方米、平米 …… 平方公尺
阿 …… 公畝　　　陌 …… 公頃

【體積】

竏 …… 公秉　　　竡 …… 公石
竍 …… 公斗　　　立 …… 公升
竕 …… 分升　　　竰 …… 厘升
竓 …… 毫升　　　竗 …… 微升
立方米、立米 …… 立方公尺

英制與美制單位也用漢字……

在日本，曾有過認可使用英制與美制單位的時期。也因此，同樣有用來表示這些單位的漢字。

【長度】 吋 …… 英吋　　　呎 …… 英呎
碼 …… 碼　　　哩 …… 英哩
【質量】 封土 …… 磅　　　唡 …… 盎司
【面積】 噎 …… 英畝
【體積】 哘 …… 加侖　　　吧 …… 品脫

（**注意**）有時候1個單位會有多種漢字表記，這邊只是舉出其中一個例子。

第2章 質量與壓力的單位

關於壽司的「1貫」

壽司的「1貫」是1個？還是2個？

提到「1貫壽司」，我往往會想像成2個壽司，跟我有一樣想法的人，應該不在少數吧。然而近年來，這麼想的似乎漸漸成了少數派，現在認為「1貫＝1個」的人，可能比2個的更多。

事實上，「貫」不是「量詞」，而是質量單位（p.68）。雖然為什麼用1貫、2貫來數壽司的理由眾說紛紜，但這邊我就介紹我相信的說法。

什麼是「錢差一貫」？

在p.68，我們提到古時的人會用繩子串起一文錢並帶著走。江戶時代，如果將96枚一文錢串進繩子，似乎就可以當作100文來使用（錢差百文）。若串了10串，那就是「錢差一貫」。

另一方面，據說當年江戶風格的握壽司，捏1個都比現在的握壽司大上許多。9種壽司料成一個套組，這是1個人的份量，而1個套組的重量正好與錢差百文（360 g）差不多。因此，當時的人會誇大地將這樣的套組稱為「一貫」。由於1貫重達3.75 kg，可以知道在這個時候就已經把實際重量誇張了將近10倍。

把1個大壽司分成2個！

當這樣的稱呼普及後，接下來人們又開始將1個握壽司叫作「1貫」。想起來還真是誇張到令人覺得相當離譜呢。

後來為了方便食用，便將「1貫」壽司分成2個賣給客人。由於「貫」是質量單位，所以不論1個還是2個都同樣是「1貫」。後世產生了「壽司的1貫到底是1個還是2個」這個問題，而其答案是「1貫可以是1個，也可以是2個」。

第**3**章

時間、速度、加速度、角度的單位

◼ 「分」與「時」都由「秒」決定！

「秒」的英文為 second，second 也有「第二、第二的」的意思。「秒」與「第二」究竟有什麼關聯呢？

在古代，人們使用的時間基本單位為「日」，再細分一點也不過就到「時」而已。hour（時）的語源來自希臘語的 hora（時間）。一直要到精密的機械式鐘錶發明後，才終於使用到「分」與「秒」這兩個單位。

如各位所知，將 1 小時分成 60 等分，每份就是 1 分鐘。這是「第一個小部分」。minute（分）的語源即是意思為「小」的拉丁語 minutus。「mini」（迷你）或「minus」（減）也是相同的語源。

再將 1 分鐘分成 60 等分，也就是 1秒，這就是「第二個小部分」。最早其實稱之為 second minute，但隨著時間經過，最後便只簡化成 second。

min	分／minute 量：時間 單位制：SI 可並用單位 定義：1 秒的 60 倍

second 的由來如上所述，而現在秒〔s〕已是國際單位制 SI 的時間基本單位，因此分〔min〕或時〔h〕，皆是用

h	時／hour 量：時間 單位制：SI 可並用單位 定義：1 秒的 3600 倍

秒來定義，1 秒的 60 倍為 1 分，3600 倍為 1 個小時。

而我們每天使用的分〔min〕或時〔h〕，其實並非 SI 單位，但可與 SI 單位並用。

■「日」與「週」

接著介紹比時〔h〕更長的時間吧。

日〔d〕目前被定義為86400秒。過
去雖然是以「日→時→分→秒」的順序來定義時間單位，但現在則是反過
來用秒來定義日。日〔d〕與分〔min〕或時〔h〕同為SI可並用單位。

d	日／day 量：時間 單位制：SI可並用單位 定義：1秒的86400倍

下一個是週〔w〕。同樣如各位所
知，1週有7天，我們的社會以7天為1
個週期建構而成。然而，週甚至不是SI
可並用單位。

w	週／week 單位制：非SI單位 量：時間 定義：7日

關於週的由來，以基督教《舊約聖經》中的《創世記》裡所述「神用6
天時間創造天地，並於第7天休息」這個說法最為知名，但還有很多其他
不同的說法。順帶一提，「週日為休息日」這套系統被日本政府採用，是
進入明治後1876年4月的事，可說是歷史尚淺呢。

■「年」與「月」

1年大致來說，就是地球繞行太陽1
圈的時間。但遺憾的是，這個時間並不
是日〔d〕的倍數，實際時間約為

y	年／year 量：時間 單位制：非SI單位 定義：太陽連續2次通過 平均春分點的時間間隔 備註：約365.2422日

365.24日。因此在月曆上無可奈何地，只能每4年設定一個366日的年
來進行調整（**閏年**）。

1個月的日數從28日到31日都有，可說種類多樣。正因為有這種「幅
度」差異，所以嚴格來說「月」難以稱為「單位」，只能當作**曆法上的
單位**來使用。

表示速度的單位
節、kine

秒速、分速、時速

我們在角色圖鑑（p.40）介紹了速度單位〔m/s〕，這個單位表達的是「1秒間行進了〇m」。1秒間行進的距離為「**秒速**」，1分鐘行進的距離為「**分速**」，而1小時行進的距離為「**時速**」。

我曾認識深信秒速就該是〔m/s〕，分速就該〔m/min〕，時速就該〔km/h〕的人，但事實上這根本就不是完全固定好的組合。測量速度時，配合對象或目的改變單位的長度或時間當然沒有關係。譬如，蝸牛的速度用〔m/h〕（每小時〇m）或〔cm/min〕（每分鐘〇cm）等單位，或許更為適當。

表示船隻航行速度的「節」

在音樂中，有Largo（最緩板）或Adagio（慢板）等表示樂曲速度的「**速度記號**」。譬如，Andante（行板）意思是「如走路般的速度」，1分鐘大概為72拍左右。由於人類步行速度大概為4 km/h（時速4 km），所以將4 km/h當成基準，創造稱為「行板」的單位或許會很有趣也説不定，例如單車20 km/h的速度，就會是5行板。

當然，實際上沒有這個單位，擁有特定名稱的速度單位其實不多。這邊就介紹2個例子。

第1個是節〔kn〕〔kt〕，1節定義為1小時行進1海里（1852 m）的速度。「海里」是相當於地球緯度1分的長度單位（p.25），因此想用來表示船隻速度，節是非常好用的單位。節（knot）的本意是「打結處」，過去為計算船的航行速度，會以一定間隔在長繩上打很多結，並從船尾放水流，這便是節這個單位的緣由。

1節為時速1852m（1.852 km/h）。各位能想像這個速度多快嗎？其實比剛剛提到的1行板還慢，換算後等於1秒行進約51 cm的速度。

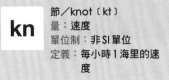

kn
節／knot〔kt〕
量：速度
單位制：非SI單位
定義：每小時1海里的速度

　例如，從仙台到苫小牧的渡輪航線，其平均速度大約是20節（時速37 km）。各位可能很訝異速度怎麼會這麼慢，但船隻受到水的阻力，想要前進就是這麼費力的事情。一般的船舶，30節似乎就是極限了。

1 kn
= 1852 m/h
≒ 0.5 m/s

■ 表示地動速度的「kine」

　還有一個鮮為人知的速度單位，稱為kine〔kine〕。每秒移動1cm的緩慢速度，即是1 kine。

kine
kine
量：速度
單位制：CGS單位制，
　　　　非SI單位
定義：每秒1 cm的速度

$$1\ kine = 1\ cm/s$$

　kine主要用來表示地動的速度。近期研究顯示，地震時比起地動的最大加速度，地動的最大速度對建築物的受損狀況影響更為巨大。因此，近年來愈來愈多公家或民間單位，會用〔kine〕表示地動的最大速度，用以強調地震的規模。

加速度的單位
m/s²、G、Gal

什麼是加速度？

當燈號轉為綠燈，汽車會慢慢加速，相反地看到紅燈，正在行進的汽車則會慢慢減速。這個「加速」或「減速」的程度，若用數值表現出來就是所謂的

m/s^2	公尺秒平方／ metre per square second 量：加速度 單位制：SI導出單位 定義：1秒間1公尺每秒 的加速度

「加速度」。具體而言，便是「**每單位時間內的速度變化率**」。也就是說，用「速度的變化量」除以「變化所需的時間」，即可得到加速度。國際單位制SI的加速度單位是公尺秒平方〔m/s^2〕，沒有特殊名稱。

譬如，假設某靜止的物體，在5秒後會達到20 m/s的速度吧。在這例子中，加速度為20 m/s ÷ 5 s ＝ 4 m/s^2。不過，情況當然有可能是第1秒快速提高速度，而後面4秒只慢慢提高速度，因此算式中求出來的加速度，只是「平均加速度」而已。

順帶一提，提高速度時的加速度為正數，減低速度時的加速度為負數。此外，新幹線保持時速300 km的速度行駛時，加速度為0 m/s^2。

什麼是標準重力加速度？

對靜止的球施力，球會開始滾動，而對滾動中的球施以反方向的力，球就會停止運動。換句話說，對物體施力（不論是正還是負），都會產生加速度。

地球上的所有物體，皆不斷被地球所拉住（重力）。既然有作用力，那就會產生加速度，這便是「**重力加速度**」。這大概是全世界最著名的加速度了。

1901年的國際度量衡大會上，將地球上標準重力的加速度g的值，確

立為以下數值。

$$g = 9.806\,65 \text{ m/s}^2$$

如「標準」一詞所能聯想，實際上在不同地方測量的重力加速度，數值也有些許變動。一般來說，地球上高緯度地區的重力加速度，會比低緯度地區（靠近赤道的地區）還要小。此外，月球的重力加速度為 1.6249 m/s^2，大概是地球重力加速度的約 6 分之 1。

■「G」與「Gal」

而這個重力加速度，有時可作為加速度單位來使用，便是所謂的〔G〕。例如，重力加速度的 2 倍，表記為 2 G。據說 F1 賽車手在比賽中加速或減速，又或是轉過彎道時，都會體驗到 4～5 G 的加速度。

加速度還有一個單位〔Gal〕。1 Gal 表示每秒增加 1 cm/s 速度的加速度。

$$1 \text{ Gal} = 1 \text{ cm/s}^2 = 0.01 \text{ m/s}^2$$

這個單位命名自發現單擺的等時性、自由落體等現象的著名義大利物理學者**伽利略‧伽利萊**（1564～1642 年）。

雖然 Gal 不是 SI 單位，但常用於地球物理學等領域。在日本計量法中，認可 Gal 限用於計量與地震有關的振動加速度。

G
G
量：加速度
單位制：非SI單位
定義：9.806 65 m/s^2

Gal
gal
量：加速度
單位制：CGS 單位制，
　　　　非SI 單位
定義：每秒 1 cm/s 的加
　　　速度

弧度與球面度
度〔°〕不是國際單位制的單位！

什麼是「弧度」？

「角的大小，用角的大小測量」──這是「度數法」的思維。度數法的
1°，就是「將圓周分成360等分的弧對圓心的角度」。雖然很好理解，但
度數法卻不是國際單位制SI的單位（p.43）。那麼除了度數法外，還有什
麼方法來表示角的大小呢？

答案是，用弧的長度來表
示。

在圓周上任取2點，就能
切下一部分圓周。這就是
「弧」。

弧 AB　⌢AB

另外，如右上圖片所示，連接圓的圓心O與弧AB的兩端，可以得到
∠AOB。這稱為「弧AB的圓心角」。

此時圓心角與弧長，彼此成正比關係。也就是說，當圓心角放大2、3
倍時，弧長也就跟著放大2、3倍（想像成在切披薩各位應該就能理解
了）。因此，圓心角的大小，可以用弧
長來表示。這個方法即稱為「**弧度
法**」。而用弧度法表示的單位，就是SI
的角度（平面角）單位弧度〔rad〕，語
源是意思為半徑的拉丁語radius。

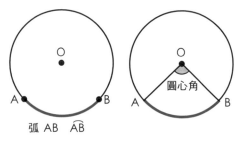

> **rad**　弧度／radian
> 量：平面角
> 單位制：具有特定名稱的
> 　　　　SI導出單位
> 定義：與圓的半徑等長的弧對圓心
> 的角度

但是，「用弧長表示角度大小」的方法有一些問題。同樣的圓心角，但
不同半徑長短，會使扇形的弧長也有所變化。

因此，採用了用圓的半徑來做出刻度、標示出弧長的方法。如此一來，

不論圓的大小如何，就可以用「幾個半徑」的
方法來表示圓心角。實際畫看看就可以知道，
圓周長為半徑的6倍再加一點點。

　1弧度〔rad〕，是1個半徑長的弧的圓心角
大小。若換算成度數法，則1弧度約為
57.2°。另外，180°約為3.14弧度，也就是π
弧度。使用弧度法時，往往不加上單位「弧度」，只直接表示數值。

■ 什麼是「球面度」

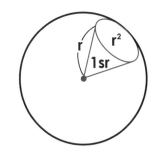

　用來表示合起來的傘與打開的傘，或是
霜淇淋甜筒等物體「尖銳程度」的，就是
立體角的單位球面度〔sr〕。

　思維與弧度類似。覆蓋球體表面半徑的
2次方的面積，這時候的立體角就是1球
面度。

　由於半徑為r的球體表面積是$4\pi r^2$，
因此全立體角加起來為4π〔sr〕。另
外，骰子的1個立體角為0.5π球面
度，外形呈長方體的一般「豆腐的
角」，其立體角也是0.5π球面度。

> **sr**　球面度／steradian
> 量：立體角
> 單位制：具有特定名稱的
> 　　　　SI導出單位
> 定義：球面上與球的半徑平方相同
> 的面積，對球心的立體角角度

　順帶一提，球面度還會出現在發光強度的單位燭光〔cd〕的定義中。

秒〔s〕的定義演變

～1956年　平均太陽日的86400分之1

在這個時期以前的秒〔s〕，是用地球自轉週期為基礎所定義的。將1日分成24等分（1小時），1小時分成60等分（1分鐘），再將1分鐘分成60等分所得到的就是「秒」。換言之，1秒就是1日的86400分之1的時間。

然而，後來了解到地球的自轉速度並非固定，而是不規則的。

～1967年　1太陽年的31 556 925.9747分之1

於是，秒的定義變更為以地球的公轉週期為基準，也就是說，試著用「年」來定義「秒」。但這次也發現，地球的公轉週期同樣是有幅度變動的。

1967年～　用銫133原子鐘來定義

將電磁波打在某個條件下的銫原子，銫原子的狀態會出現變化。由於這時候產生的電磁波頻率極為穩定，因此科學家們試著利用這個頻率來定義「1秒」。現在的定義如下所示。

> 銫133原子在基態下2個超精細能階間躍遷所對應的放射週期的91億9263萬1770倍持續時間

從上面定義可以發現，秒的定義終於脫離了地球的運動！

目前世界上正在開發比銫133原子鐘更精確的計時器，例如鍶光晶格鐘或鐿光晶格鐘等等。

第 4 章

- 與電氣有關的單位
- 與電氣有關的能量單位
- 與磁鐵有關的單位
- 表示轉動速度與角速度的單位

電磁與轉動速度的單位

與電氣有關的單位
庫侖、伏特

■ 什麼是「庫侖」？

庫侖〔C〕是電荷量的單位。若將導線通電比喻作水管中的水流，那水的量本身就像是電荷量。

C	庫侖／coulomb 量：電荷量 單位制：SI導出單位 定義：1A電流在1 s間所帶有的電荷量

我想各位應該知道，電流的本質是電子的流動。這麼一來，只要知道1個電子所帶有的電荷（**基本電荷e**），就可以直接乘上電子的個數，得到整體的電荷量。因此，就算將庫侖當作基本單位，再從此定義安培也不是什麼稀奇的思維。

話雖如此，因為電子極其微渺，想要數電子的數量簡直難如登天。另外，想用高精確度的方式表示基本電荷，也是非常困難的事。因此，之前科學家們的做法是，先定義「電流」，再接著將1安培電流在1秒間所帶有的電荷量，定義為1庫侖。

到了2019年5月，電流單位安培〔A〕，改用基本電荷來定義（p.45）。不過，庫侖由安培來定義的關係，在之後也會持續下去才是。

順帶一提，若用基本電荷e來定義庫侖〔C〕，1 C的準確數值會是e的6.24150962915265 × 10^{18}倍。另外，晚介紹了庫侖這個單位名的由來，「庫侖」命名自法國物理學家**夏爾·德·庫侖**（1736～1806年）。

■ 什麼是「電壓」？

雖說電流是「電子的流動」，但只是「有電子」，電子是不會流動的。想讓電子流動，就需要有足以讓其流動的作用。這件事同樣可以試著用「水流」來想像看看。

水會從高處流向低處，而我們可以利用流動的水，轉動水車或做到其他

工作。換句話說，「高度」具有讓水流動的作用，水光是位在高處，就具有能量（位能、勢能）。當然，高度愈高、水量愈多，能量也就愈大。

將水流比作「電流」時，與「高度」（＝讓電流流動的作用）同等的機制，便是「電壓（電位差）」。電壓的單位為伏特〔V〕，單位名取自伏打電堆的發明者，義大利物理學家**亞歷山德羅・伏特**（1745～1827年）。

■ 什麼是「伏特」？

將電流與電壓相乘，就可以得到每秒的能量，亦即「電力（電功率）」。

（電力）＝（電流）×（電壓）

電壓由以上電力、電流、電壓的關係來進行定義。由於「電力（電功率）」的單位瓦特〔W〕，並不是用與電氣有關的單位來定義的（p.105），所以是用〔W〕與〔A〕來定義〔V〕。具體而言，1 A電流流動時，某2點間會消耗 1 W（瓦特）電力，那這2點間的電壓（電位差）即被定義為1 V。

1 W＝1 A×1 V

日本的一般家庭用電壓，通常是**100 V**，還請各位好好記住這個值。不過，不同國家會採用不同電壓，因此想在國外使用日本電器產品時，請事先查詢好當地的電壓。

V 伏特／volt
量：電壓、電位差
單位制：SI導出單位
定義：在載有 1 A 電流的導體上，當某2點間消耗的電力為 1 W 時，此2點間的電壓為 1 V

與電氣有關的能量單位
電子伏特、千瓦時

基本電荷與電子伏特

電流單位安培〔A〕或電荷量單位庫侖〔C〕的說明中，都出現「**基本電荷**」這個詞。這指的既是1個電子的電荷量大小，同時也是1個質子的電荷量。一般會用斜體的「e」當作符號，這是電荷量的最小單位。

1個電子以1V的電位差加速時所產生的能量，被定義為1電子伏特，單位符號為〔eV〕。

$$1\ eV = e \times 1\ V$$

因電子伏特是能量單位，所以也可換算成焦耳〔J〕來表示。

$$1\ eV = 1.602\ 176\ 634 \times 10^{-19}\ J$$

順帶一提，若1庫侖的電荷量以1V的電位差加速，所產生的能量剛好是1 J。

$$1\ J = 1\ C \times 1\ V$$

eV	電子伏特／electron volt
	量：能量
	單位制：SI可並用單位

定義：1個電子以1V電位差加速時產生的能量

什麼是「千瓦時」？

電子伏特〔eV〕幾乎是只有粒子物理學或原子核物理學等領域才會用到的單位，日常生活中根本沒什麼機會看到。所以我在這邊還要介紹一個平時就常見的能量單位，那就是每個月電費單上，大家都很熟悉的單位千瓦時〔kWh〕。

瓦特〔W〕（p.104）是功率單位。每秒作用 1 J（焦耳）（p.100）功的速率即是 1 W。

$$1\ W \times 1\ s = 1\ Ws = 1\ J$$

而「千瓦時」，指的是以 1 kW（＝1000 W）的功率，持續運作 1 小時的功，或以 1 kW 的電力，持續消耗 1 小時所需的電能。

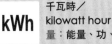

千瓦時／
kilowatt hour
量：能量、功、熱量、電能
單位制：SI 可並用單位
定義：以 1 千瓦的功率在 1 小時內所做的功

若要說得更白話，就是 1000 W（＝1 kW）的電暖爐，持續使用 1 小時（1 h）後所消耗的電能，即是 1 kWh（千瓦時）。

$$1\ kW \times 1\ h = 1\ kWh$$

如果要將 1 千瓦時換算成焦耳，則有以下算式。

$$1\ kW \times 1\ h = 1000\ W \times 3600\ s = 3600\ 000\ J = 3.6\ MJ$$

從國際單位制的方針來看，更應該使用〔J〕而不是〔kWh〕，然而我們平時就已使用瓦特來當作電力單位，因此〔kWh〕或許更容易為大眾理解。

〔kWh〕會變得更主流？

話說回來，各位知道「**電耗**」這個概念嗎？

看到燃油驅動的汽車時，大家應該都會在意用〔km/L〕（汽油 1 L 能行駛多少km）來標示的油耗吧。那麼如果是今後將可能逐漸增加的電動車，也同樣地，1 kWh 能跑多少km就會變得很重要。電動車的「電耗」，即相當於燃油車的「油耗」。

電耗一般標示為〔km/kWh〕。現在主流的電動車電耗，大概都落在 7～10 km/kWh 左右。

$$電耗〔km/kWh〕 = \frac{行駛距離〔km〕}{電能〔kWh〕}$$

與磁鐵有關的單位
韋伯、特斯拉

■ 磁通量的單位「韋伯」

我想各位小時候應該都玩過用磁鐵吸釘子或迴紋針的遊戲，應該也知道磁鐵存在彼此相吸以及互斥的現象。在這些經驗中，各位應該也發現了，有些磁鐵的磁力比較強，有些比較弱。是的，磁鐵的磁力的確有強弱的分別。

用來表示這種磁力大小的，就是磁通量單位韋伯〔Wb〕，命名自德國物理學家**威廉・韋伯**（1804～1891 年）。

那麼，磁鐵的強度究竟是用什麼方法測量的呢？

■ 磁通量的測量方法是？

如果在長條型磁鐵周圍撒上鐵砂，就能看到磁鐵產生作用，使鐵砂呈現線條狀。我們可以用從N極朝向S極延伸的假想線（**磁力線**）來表現磁力。簡單來說，這個磁力線的線束，就代表了「**磁通量**」。

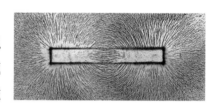

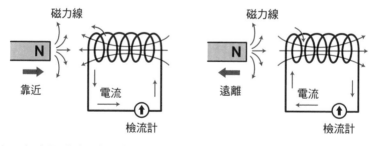

接下來才是重點。如果讓磁鐵靠近或遠離線圈（將鐵絲等金屬線捲成螺旋狀的東西），線圈內會產生電壓。這個現象稱為「**電磁感應**」，產生的電

壓叫作「**感應電動勢**」。

這個時候，產生於線圈內的感應電動勢，

　　①隨著磁鐵的磁力愈強，

　　②隨著磁鐵的移動速度愈快，

　　③隨著線圈的圈數愈多，

而變得愈來愈大。這個現象則稱為「**法拉第電磁感應定律**」。

韋伯〔Wb〕便是利用這個現象來定義：使1圈線圈產生1V電動勢的磁通量是為1 Wb。

Wb
韋伯／weber
量：磁通量
單位制：SI導出單位
定義：在1秒內，1匝封閉電路中產生1V電動勢所需的磁通量

■ 磁通量密度單位「特斯拉」

以前，在介紹可以緩解肩膀疼痛的磁氣治療器的廣告上，會使用高斯〔G〕這個磁通量密度的單位，不過最近已經幾乎不再使用了。

國際單位制SI的磁通量單位是上面介紹的〔Wb〕，而面積單位則是〔m²〕，因此磁通量密度的單位便是〔Wb/m²〕，而這個單位則被賦予了特斯拉〔T〕這個特別的名稱與符號。特斯拉命

T
特斯拉／tesla
量：磁通量密度
系：SI導出單位
定義：1Wb磁通量通過垂直於磁力線方向的1m²的面積之密度

名自美國的電氣工程師**尼古拉・特斯拉**（1856～1943年）。

現在，磁通量密度的單位已被統一為特斯拉。若跟高斯換算，則**1000 G＝1T**。用於磁氣治療器的磁鐵的磁通量密度，大概是80～200毫特斯拉左右。另外，許多醫院使用的MRI（磁振造影儀），則配備有0.5～3特斯拉的永久磁鐵或超導磁鐵。

表示轉動速度與角速度的單位
rpm、rps、rad/s

馬達的原理

在鐵棒上將導線纏成好幾圈的組件稱之為「**線圈**」。將線圈通電，就會產生磁力，這即是所謂的「**電磁鐵**」。

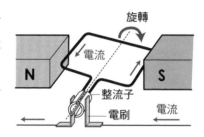

若賦予電磁鐵能夠自由旋轉的結構，與能夠讓電流方向倒轉的結構，再配合永久磁鐵，就可以讓線圈連續轉動。上面雖然説得簡單，不過這就是「**馬達**」的基本原理。

那麼，轉動的速度該怎麼表示才好呢？

表示轉動速度的單位？

雖然想以唱片機為例，不過最近連買 CD（雷射唱片）來聽音樂的人都減少很多了，年輕人説不定連唱片是什麼都不知道。想要聽唱片，就需要用到可以播放黑膠唱片的唱片機。當然地，唱片機內也裝有馬達。

rpm	每分鐘轉速／〔r/min〕 revolution per minute
	量：轉動速度、旋轉次數
	單位制：非SI單位
	定義：在1分鐘內旋轉1圈的速度

唱片機的轉動速度，通常會用〔rpm〕或〔r/min〕這個單位來表示。〔rpm〕指的是每分鐘的轉動次數，以意思為「每分鐘轉動次數」的英語 revolution per minute 或 rotation per minute的首字母縮寫而成。無論是陀螺的旋轉速度，還是引擎的旋轉速度都可以使用〔rpm〕來表示。

唱片機會以一定速度旋轉，而現在通常可以自行設定旋轉速度，常見的數值為$33\frac{1}{3}$rpm、45 rpm、78 rpm。各位可能會覺得$33\frac{1}{3}$rpm不是整數很奇怪，不過這個數值表示3分鐘轉動100次的速度。

那麼，CD又是以怎樣的速度旋轉呢？

其實，CD的旋轉速度並非固定。CD被設計成播放內側的資料時很快（約500 rpm），播放外側的資料時較慢（約200 rpm）。透過調整旋轉速度，可以使讀取頭在讀取資料時保持一定的速度（線速度）。

如果轉動速度更快或更慢時？

若轉動速度更快時，用每分鐘轉速的〔rpm〕來表示，數值就會大到不方便使用，因此這個時候可以改用「每秒的轉動次數」來表示。英語是revolution per second，單位符號為〔rps〕或〔r/s〕。頂尖花式滑冰選手的旋轉速度，似乎可以高達5.5 rps呢！

相反地，若轉動速度更慢，就不用轉動的次數，而是用每秒旋轉的角度來表示轉動速度。這個概念被稱為「**角速度**」。

rad/s	弧度每秒 radian per second 量：角速度 單位制：SI導出單位 定義：在1秒內旋轉1弧度的角速度

國際單位制SI的角度單位是弧度〔rad〕（1弧度約為57.2°，p.84），因此角速度的單位便是弧度每秒（radian per second）的〔rad/s〕。

表示 1 分鐘內次數的單位

歌曲的速度與心率

樂譜上會見到類似「♩＝90」的標記，這指的是「1分鐘內四分音符出現90次的速度」。

這個速度，也可以改為標記成90 bpm。〔bpm〕是beats per minute的縮寫，為表示每分鐘節拍次數的單位。不只是音樂世界，各位的心率（脈搏）也是用〔bpm〕來表示，1分鐘跳80次的話就是80 bpm。

學會 100 bpm 吧！

關於AED（自動體外心臟去顫器Automated External Defibrillator），我想各位應該都有聽過吧。這是一種能夠自動判斷心臟狀態，可在心室顫動的狀態下給予瞬間的強電流來刺激心臟，使心臟恢復正常跳動的醫療設備。

雖然是極為有用的器材，但面對沒有呼吸或呼吸微弱的病患，在使用AED後仍必須配合胸部按壓來進行急救。

胸部按壓須以每分鐘100次左右的速度（100 bpm），對胸部正中央進行下壓幅度4～5cm左右的按壓。為了維持適當速度，在腦中一邊唱歌一邊按壓似乎是備受推薦的方法。

---

100 bpm 左右的流行曲

比吉斯《Stayin' Alive》、ABBA《Dancing Queen》、SMAP《世界上唯一的花》、SPITZ《Cherry》、中島美雪《地上之星》、DREAMS COME TRUE《無數次》、Ulfuls《何時都有明天》、安室奈美惠《Don't wanna cry》、AKB48《心意告示牌》

角色圖鑑
Part 2

物質量

莫耳

溫度

光度

燭光

克耳文

K（克耳文）／J（焦耳）／cal（卡路里）／W（瓦特）／cd（燭光）／B（貝爾）／
Hz（赫茲）／mol（莫耳）／pH（pH值、酸鹼值）／%（百分比）／Bq（貝克）／
au（天文單位）／Å（埃格斯特朗）／b, bit（位元）／M（地震規模）

K

克耳文/kelvin

宇宙空間接近
絕對零度。

過往曾以水的
三相點的溫度
當作基準。

色溫單位也是
「克耳文」。

273.16

量	熱力學溫度	單位制	SI基本單位

定義 將波茲曼常數 k 的值固定為 $1.380\ 649 \times 10^{-23}$ JK^{-1} 時所得到的溫度

備註 攝氏溫標中 1 度的溫度差，與克耳文 1 度的溫度差相同

將絕對零度設為下限的溫度單位 定義從水的三相點溫度轉為波茲曼常數

■ 什麼是「克耳文」？

國際單位制SI的溫度（熱力學溫度）基本單位為克耳文〔K〕。「克耳文」這個名字取自提倡這種溫標必要性的英國物理學家威廉‧湯姆森（之後受封為男爵，即**克耳文勳爵**。1824～1907年）。

與公斤相同，克耳文在2019年5月也更新了定義，今後將以給定「**波茲曼常數**」這個物理常數的值來定義克耳文。不過雖然定義變得更嚴謹、精確了，但從這個定義難以知曉克耳文是如何誕生的，也更難了解具體的概念。

■「克耳文」的由來

湯姆森的理論認為「應該將所有分子都停止運動的溫度，當作是溫度的原點」，而這個溫度正是所謂的**絕對零度0 K**。因此，克耳文溫標並不會用到負數。

舊定義下的０K，是從水蒸氣、水、冰能平衡共存的溫度狀態（**水的三相點**）來進行設定。以前的克耳文，必須仰賴水來定義。

只要決定原點，接下來就是刻度。湯姆森決定將克耳文的溫度間隔，設定為與我們日常使用的攝氏溫標〔℃〕的間隔相同。也就是說，1 K的溫度差與1℃的溫度差完全一樣。

順帶一提，絕對零度０K等於**−273.15 ℃**，而攝氏溫標的０℃則是273.15 K。

最後要注意的是，克耳文雖然是溫度單位，但符號中沒有「°」。

J

焦耳／joule

物理學家焦耳將釀
造事業得到的財產
全傾注到研究中。

焦耳用在實驗中
的葉輪裝置。

量	功、能量、熱量、電能
單位制	具有特定名稱的SI導出單位
定義	施加1N（牛頓）的作用力使物體往力的方向移動1m 的功
備註	1J＝1Ws（瓦特秒）

能一口氣表達多種能量的單位
單位命名自發現功與熱等價性的焦耳

什麼是功？

用力舉起行李時、在卡拉OK大聲唱歌時、加熱水讓水升溫時、通電使電燈泡發光時⋯⋯在這些時候都需要能量。用來表示功與能量大小的單位，叫作焦耳〔J〕。這個名字取自發現「**焦耳定律**」的英國物理學家**詹姆斯‧普雷斯科特‧焦耳**（1818～1889年）。

譬如，我想各位可以想像，將地板上的物體舉起來，也就是做「功」的時候，當物體的重量愈重、舉起來的距離愈長，會舉得愈「辛苦」吧。「功」的大小，是從「力」與「距離」的乘積所得。

1焦耳有多大呢？

那麼，1 J是多少的功（能量）呢？

日本的國中理化課會將「重力對約100 g的物體所作用的力的大小」當作是1 N（牛頓）。100 g大概等於1顆小蘋果，而將這顆小蘋果舉高1 m時的功（能量）即是1 J。

$$1J = 1N \times 1m$$

焦耳〔J〕可以説是〔N‧m〕或是〔kg‧m^2/s^2〕被賦予的特定名稱。

若重量為2倍，功的大小也就變成2倍；若舉起的距離變成2倍，功的大小也同樣會是2倍。

1J

100g

18 cal

卡路里／calorie

用來表示食物或運動所消費
的能量。

原本由水的比熱來
定義。

量 熱、熱量　　**單位制** CGS單位制、非SI單位

定義 4.184J（日本計量法）

備註 限用於「人或者動物所攝取物的熱量又或代謝所消費之
熱量的計量」（日本計量法）

與焦耳同為表示熱量的單位
日本限用於表示食品的熱量等相關用途

1碗天婦羅蓋飯的能量是？

1碗飯（140 g）約為230大卡、1條切成6片的吐司1片約為170大卡、1碗天婦羅蓋飯約為800大卡……如果各位正在減肥，説不定對這些數值都耳熟能詳吧。

數值愈大，表示攝取的能量就愈多，這很好理解。但是，1碗天婦羅蓋飯約800大卡，這到底是多少的能量呢？

卡路里〔cal〕是「熱量」單位，語源是拉丁語的 **calor（熱）**。「使1 g的水上升1℃所需的熱量」即是1 cal。卡路里是與水有密切關聯的單位，不僅好懂，也常用於表示食品的能量。

卡路里與焦耳

因為熱量也是能量的一種，所以本來應該使用焦耳〔J〕來表示而不是卡路里。現在1 cal被定義為 **4.184 J**。此外，在日本計量法中，關於〔cal〕的使用範圍，僅限於「人或者動物所攝取物的熱量，又或是代謝所消費之熱量的計量」，除此之外不可使用。

那麼，關於天婦羅蓋飯，並不是800卡路里，而是800大卡（＝1000倍）。

換句話説，這是可以讓10 kg的水溫上升80℃的能量。不過就是1碗天婦羅蓋飯而已喔！知道這件事後，或許下次要點炸蝦蓋飯前，各位會猶豫也説不定呢。

W

瓦特／watt

最常見到用於家電的耗電功率。

發明家瓦特發展出「馬力」這個單位。

日本的家用插座每一處最高可用到1500 W的電器。

量 功率、電力

單位制 具有特定名稱的SI導出單位

定義 1秒內轉換1焦耳的功率

備註 1 W＝1 J/s

表示單位時間內的功的單位
以表示電器產品的耗電能力為人熟知

什麼是功率？

瓦特〔W〕是功率單位，因此我們首先要了解什麼是「**功率**」。

譬如，我們假設有個將物體舉到一定高度的「功」。花3秒做這個功與花5秒做這個功，功的效率並不同。為了比較兩者，就要用到「單位時間內的功」這個概念，這就是「功率」。也因此，可從「功」除以「時間」來求得功率。

國際單位制SI的功的單位是焦耳〔J〕，時間單位是〔s〕，所以功率的單位是焦耳每秒〔J/s〕，而這個單位被賦予了瓦特〔W〕這個特別名稱與單位符號。換句話說，在1秒內做1J功的效率（功率）就是1W。

電力單位「瓦特」

說到瓦特，大多數的人應該都會先想到電器產品吧。瓦特同時也是「**電力**」的單位。

譬如白熾燈泡，會用以瓦特為單位的耗電力來表示其發光強度。所謂「60W的燈泡」，就是在1秒間用60J的能量來發光。在這層意義上，無論功率還是電力都指的是「在單位時間內，用掉了多少的能量」。

最後來談談「瓦特」這個名字。這個單位命名自以改良蒸汽機聞名的英國發明家**詹姆斯・瓦特**（1736～1819年）。

cd

燭光／candela

源自拉丁語的
「蠟燭」。

人眼對黃綠色的光
最為敏感。

過去由鉑的黑體輻射
所定義。

トンネル
Tunnel

点灯

量 發光強度　　**單位制** SI基本單位

定義 將頻率為540 × 10¹² Hz的單色輻射的發光效能Kcd以
單位〔lm · W⁻¹〕表示時的數值固定為683時所得到的
發光強度

用來表示發光強度的單位
以人眼靈敏度最大時的頻率為基準

發光強度的單位「燭光」

燭光〔cd〕是國際單位制SI的亮度（發光強度）單位，也是7個基本單位之一。名稱取自**「（獸脂）蠟燭」**的拉丁語，英語「candela」的發音的確與「candle」很像呢。

燭光自1948年使用至今，在此之前，各國皆有自己所使用的亮度單位。燭光繼承自曾是英國標準單位的「燭」，1燭光幾乎等於1燭。這個亮度各位可以想像成點燃1根古代細長蠟燭的亮度。

發光強度的基準是？

左頁中燭光的定義是2019年5月後的新定義，不過這只是把之前的定義換個說法表現而已，實質上並沒有更改定義。這裡所出現的「540×10^{12} Hz」，指的是人眼靈敏度最大時的頻率。

燭光雖是鮮為人知的單位，但很多重要場合都需要用到它。譬如汽車頭燈的發光強度就是用燭光進行規範，避免燈光太暗或太亮。另外，想要表示燈塔的發光強度時，也會用到燭光。

B

貝爾／bel

想表示噪音等級時也會用到「分貝」。

聲壓等用「分貝」來表示。

格拉漢姆‧貝爾發明了實用的電話機。

量 比例的常用對數

單位制 具有特定名稱的 SI 可並用單位

定義 當 B 對基準量 A 的比例為 10^x 時，B 的量為 x 貝爾的量

備註 作為聲壓等級的單位使用時，以 20 μPa 為基準聲壓

除了表示聲音大小 也是用對數來表示各種量級比較的單位

10倍的差為20分貝

各位或許都認為分貝〔dB〕是用來表示聲音大小的單位。的確，分貝會用來表示「聲音大小（聲壓）」，但其實在電氣或振動工學等領域都會用到。

分貝利用**對數**這個概念，來表示並比較2個量之間究竟差了幾倍。

譬如，我目前手上的錢有1000日圓，而各位手上的錢有10000日圓時，可以說各位有我10倍的金錢。這件事可以用20 dB來表達。使用分貝這個單位，可以將10倍的差異表記成20 dB。

而分貝，是由貝爾〔B〕這個單位加上代表10分之1的接頭詞「分（d）」所組成。若是貝爾，在日常生活中會用到的數值範圍多會變成小數，不太方便，因此〔dB〕才比較常用。

單位名稱命名自世界上第一位取得電話機專利權的英國發明家**亞歷山大・格拉漢姆・貝爾**（1847～1922年）。看來會用「貝爾」來表示聲音大小，似乎也是命中注定的呢。

分貝的基準是？

分貝只是「將10倍的差異表記成20 dB」而已，因此就算分貝可用來表示相對的值（表示彼此的差距），但無法用來表示絕對的值。不過，若給定基準的0 dB某個值，那就可以用來表示絕對的值了。

用分貝表示聲音的大小（聲壓）時，是將人耳所能聽到最小的聲壓當作基準，並設定為0 dB。因此，0 dB並非「沒有聲音的狀態」。

No. 22 Hz

赫茲／hertz

電視、無線電等使用了各式各樣的頻率。

最常見的是用來表示音波的頻率。

在測量週期性現象後,便可繪製出波形圖。

量 頻率、振動數

單位制 具有特定名稱的SI導出單位

定義 1秒內1次的頻率或振動數

備註 $1 \ Hz = 1 \ s^{-1}$

用來表示每秒反覆次數的單位
擁有凡是週期性現象都可以使用的泛用性

1秒內幾次？

鞦韆的搖擺、水車的旋轉等等，凡是在一定時間間隔內反覆出現相同狀態的現象都可以稱作「**週期性現象**」，而在單位時間內反覆的次數則稱為「**頻率**」。

然後頻率的單位，則是赫茲〔Hz〕，用來表示1秒內反覆了多少次。單位名取自德國物理學家**海因里希・赫茲**（1857～1894年）。

聲音與頻率

聲音是波的一種，所以也是週期性現象。譬如，一般音叉的音「A4」的頻率就是440 Hz。也就是說，這個音叉在1秒內產生了440次的振動。另外，NHK的報時音「嘟、嘟、嘟、砰——」這4個音的頻率，分別是440 Hz、440 Hz、440 Hz與880 Hz。

各式各樣的頻率

人類聽得到的聲音 ·················· 20 Hz～20 000 Hz

鈴蟲叫聲 ······························· 4500 Hz

AM廣播 ······························· 535 kHz～1605 kHz

　　※廣播電台的頻率會間隔9 kHz。

甚高頻（VHF）······················ 30 MHz～300 MHz

　　※用於電視或FM廣播等等。

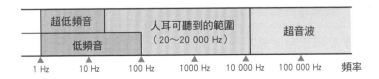

mol

莫耳／mole

在化學領域最重要的單位。

過去以12g的碳-12原子數來定義。

CO_2

NH_3

H_2O

C_2H_5OH

量 物質量　　單位制 SI基本單位

定義 6.022 140 76 × 10^{23}（亞佛加厥常數 N_A）個基礎微粒，或由基礎微粒集合體所構成的系統的物質量

由來 名稱來自意思為「分子」的 molecule

用來表示原子或分子個數的特殊單位 在化學領域中極為重要

■ 第7個SI基本單位

各位應該都在高中的化學學過莫耳〔mol〕吧，但因為在平日生活中非常少見，可能有許多人還是對莫耳感到一頭霧水。

用來表示物體的「量」時，有3種方法：體積、質量，以及「個數」。1971年，成為最後一個SI基本單位的莫耳〔mol〕，就是用來表示個數（**物質量**）的單位。

在化學世界中，比起體積或質量，原子或分子的個數往往更顯重要。譬如，想用氫原子H與氧原子O做出水分子H_2O時，1個氧原子要配上2個氫原子。像這層關係，就與彼此的原子個數有關。

舊定義下1mol的個數為「12 g的碳-12中所存在的原子數量」，而這個數值約是 **6.02×10^{23}** 個。將這麼巨大的數量統合起來就是1mol。這個數字被稱為「**亞佛加厥常數**」，名稱取自義大利科學家 **阿密迪歐‧亞佛加厥**（1776～1856年）。

■ 「莫耳」是單位嗎？

近年來，亞佛加厥常數的測量精確度有著飛躍性的提升，因此在2019年5月的新定義中，就直接從亞佛加厥常數本身來定義1mol。換句話說，莫耳的定義中，質量與碳都不再出現了。

那麼，如最前面所說明，莫耳用來表示「個數」。由於表示個數時不需要單位（p.9），所以對於將莫耳當成單位，而且還是基本單位這件事，有相當多的爭議。但因化學領域中莫耳的重要性，最後還是決定了其基本單位的地位。

pH

石蕊試紙可判定是酸性
還是鹼性。

可從指示劑或試
紙顏色的變化來
測量酸鹼值。

量 溶液的液性（酸性與鹼性的程度）

定義 用〔mol/L〕表示的氫離子的濃度值乘以活性度係數後
的值的倒數的常用對數

備註 用來了解物質酸性或鹼性的程度

表示水溶性酸鹼性的單位 用離子的濃度來判斷是酸性還是鹼性

酸性與鹼性

藍色石蕊試紙變紅就是酸性，紅色石蕊試紙變藍就是鹼性。酸性、鹼性的程度，可用氫離子指數pH值來表示。當pH值為7是中性，小於7是酸性，大於7是鹼性。數值離7愈遠，代表酸性與鹼性的程度就愈強。

pH值是用水溶液中氫離子的濃度，來表示酸性或鹼性的程度。1909年，丹麥生物化學家**瑟倫・索倫森**（1868～1939年）提出了pH值這個概念。「pH」中的H指的便是氫的元素符號H。

pH值的求法

想得到氫離子指數，首先要將1 L水溶液中所含氫離子的個數，用莫耳〔mol〕以10的乘冪的方式來表示。譬如，1 L中若有0.01 mol的氫離子，那就是寫成10^{-2}mol/L。將這個時候的指數（-2）拿掉負號，這個數值就是「**氫離子指數**」。

此時的pH值為2，這大概等於胃液中的消化酵素胃蛋白酶的pH值，算是相當強的酸。順帶一提，人體血液的pH值大約是**7.3～7.4**。

		酸性				中性						鹼性		
0	1	2	3	4	5	6	7	8	9	10	11	12	13	14
稀硫酸		胃液	檸檬酸	食用醋	葡萄酒	酸雨	雨水	純水	海水		肥皂水	石灰水	洗潔劑		氫氧化鈉

百分比
／percent

表示百分比。

多用圓餅圖來呈現。

最常見的是酒精
度數或降雨機率
等等。

量 分率

單位制 非SI單位（因為是比例量，所以為無因次量）

定義 表示某數或某量占全體100份中幾份的比例量。百分率。

表示將全體分為100時所占比例的單位 必須提示以什麼為基準！

100中的幾份？

以前曾有本書名為《如果世界是100人村》的暢銷書引起社會熱議。將全體分為100份，非常容易想像事物的比例狀況。

百分比（percent）有著「**每100**」的意思（cent是100的意思），這指的是將全體視為100的思維（**百分率**）。將某數量全體分成100等分，並用來表示占其中幾等分的，就是比例的單位百分比〔％〕。

1％代表100份中占1份，因此也可以用意義相同的0.01或100分之1來表示。但是，1％的表記方式簡單，而且也能快速了解是在表示比例。

3%的食鹽水是什麼意思？

百分比與其他單位的個性迥異。譬如，各位聽到30 m應該能想像是某個東西的長度，然而光只有「30％」，也不會知道是在表示什麼事物。在使用時，必須以「○○的30％」這樣一同提示某個基準的方式，才能了解數值的含義。

不過，有時候也會省略基準。例如商店內的商品若貼上「折價25％」的標籤，大家應該可以馬上知道是從定價再便宜25％的意思。另外，若說「3％的食鹽水」，指的是當作基準的是食鹽水全體的質量，而其中的3％則為食鹽，並不是水和食鹽的比例100比3的意思喔。

Bq

貝克／becquerel

輻射有 α 射線或
β 射線等等。

測量輻射的蓋革計
數器。

X 光也是一種
輻射，發現者
為倫琴。

雲室中可以觀
察輻射。

量	放射能、衰變率
單位制	具有特定名稱的 SI 導出單位
定義	放射性核種的衰變數在 1 秒內為 1 時的放射能或衰變率

表示放射性強度的單位 從早期的「居禮」改用新的「貝克」

輻射與放射能

自2011年日本東北地方太平洋近海地震（日本三一一大地震）引發核電廠事故後，就變得愈來愈常聽到與放射能或輻射有關的單位了。但是，我們幾乎沒有什麼機會學習這些單位。首先，讓我們理解輻射與放射能的區別吧。

在元素中，有如鐳或鈽等原子核不穩定的元素，而這些原子核會透過釋放出輻射，使自己變成穩定的原子核，這個現象稱為「**放射性衰變**」。釋放輻射的能力稱為「**放射能**」，而擁有放射能的物質就叫作「**放射性物質**」。

強力的輻射時常對人體造成巨大傷害，有時甚至可能導致死亡，因此才被視為一大社會議題。

放射能的單位是？

貝克〔Bq〕是用來表示放射性強度的單位。在1975年以前，使用的則是居禮〔Ci〕這個單位。

1 Bq指的是放射性物質在1秒內有1個原子衰變的放射能。單位名稱取自發現鈾輻射的法國物理學家**亨利・貝克勒**（1852～1908年）。

關於食品中含有的放射性物質，厚生勞動省規定了基準值，並禁止超過基準值的食品流通到市面。用於基準值的單位是〔Bq/kg〕，表示食品1 kg中所具有的放射能。

au

天文單位
／ astoronomical unit

源自於太陽與
地球間的平均
距離。

主要用於天文
領域。

用來表示太陽系內的
距離非常方便。

量 長度　　**單位制** SI可並用單位

定義 正確為 149 597 870 700 m

由來 地球與太陽間的平均距離

基準為地球到太陽的平均距離
用來表示太陽系內的距離相當方便

想要表示天文學般的距離時該怎麼辦？

札幌到大阪的距離約為 1060 km，而繞地球 1 圈大概是 40075 km。如果位數這麼少還好理解，但譬如太陽與海王星的平均距離約為 45 億 km，想完整寫出數字就多達 10 位數。雖然可以把這段距離寫成約 4.5 Tm（兆米），但老實說如此驚人的數值實在令人難以想像。

因此，在天文學領域中，會使用由來為**地球－太陽間平均距離**的天文單位〔au〕來表示距離。

雖然天文單位並非國際單位制SI的單位，但可以與之並用。1 au 正確為 149597870700 m。若使用天文單位，太陽－海王星間的距離就可以標示成約 30 au。這個數值相當親切好用吧！

不使用地球上的長度來表示!?

隨著科技進步，能夠求得地球－太陽間具體距離不過是最近的事。然而，在過去不知道正確距離的時代中，仍可以用「太陽－地球間的○倍」這種形式來表示與其他天體間的距離。因為不使用地球上的長度單位來表示距離，可說是相當劃時代的點子。

只是若想要用天文單位來表示到太陽系外的天體距離，位數又會再次變多，變得很不方便。

Å

埃格斯特朗／angstrom

取名自北歐物理學
家的北歐文字。

原被創造出來表
示太陽光譜譜線
的波長。

用來表示極小
的長度。

量 長度　　**單位制** 公制、非SI單位

定義 1 m的100億分之1

使用北歐文字當成符號的特殊單位 便於表示細微之物的長度

用來表示波長的單位

「天文單位」是源自地球－太陽間這段超長距離的單位，而接下來要介紹的，則是表示極短長度的單位，這個長度竟然是 1 m 的 100 億分之 1。不過，這個單位同樣用於天文學領域中。

這個單位就是埃格斯特朗〔Å〕。單位符號在 A 的上面有個小小的。，看起來頗為可愛。

瑞典物理學家**安德斯・埃格斯特朗**（1814～1874年），為了表示太陽光譜譜線的波長，將 10^{-10} m 當作單位，即是之後的埃格斯特朗。

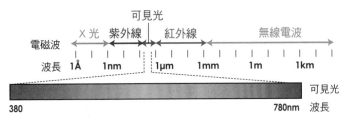

彩虹紫色光的波長……4000 Å 左右
彩虹綠色光的波長……5000 Å 左右
彩虹紅色光的波長……7000 Å 左右

不要忘記小小的。！

埃格斯特朗不是國際單位制 SI 的單位，使用時必須明示可對應的 SI 單位。我想奈米〔nm〕或皮米〔pm〕應該是最適當的單位（「奈 n」是表示 10^{-9}、「皮 p」則是表示 10^{-12} 的接頭詞）。

$$1 Å = 10^{-10} m = 0.1 nm = 100 pm$$

使用〔Å〕時，不要忘記寫上上面那個小小的。，不然就會變成安培〔A〕了。

b, bit

位元／bit

資訊量以二進位
表示。

電腦處理資訊
的最小單位。

1100010 110100 110100

| 量 | 資訊 | 系 | 非SI單位 |

定義　二進位中1個位數所能表示的資訊量

備註　bit為英語binary digit（二進位數位）的縮寫

支撐整個資訊科學的資訊量單位
8位元為1個位元組

該選擇哪邊呢？

人生是各種選擇的延續。左右、贊成或反對、雞肉還是魚肉……

電腦使用**二進位**這種記數方式。二進位中使用的數字，只有**1**和**0**。而以1及0區別的資訊最小單位，就是位元（bit）（單位符號〔b〕〔bit〕）。

1位元可以想像成有1個開關的狀態。若有1個開關，就可以選擇要開還是關，而這便用1與0來表示。

如果有8個開關？

那麼，2位元有多少種表現方式呢？

各位可以想像成有2個開關，可以表現00、01、10、11共4種狀態。若只是「春、夏、秋、冬」的話，2位元還夠用。

如果是8位元，那就是$2^8 = 256$（種狀態）。

有這麼多種狀態，就可以對應英文字母的大小寫、數字、符號等各種資訊。因此，將8個位元湊在一起，可以稱作1個位元組〔B〕〔Byte〕。不過正式的定義，是相當近期（2008年）的事情了。

位元組〔B〕可以當作如16吉位元組〔GB〕的USB隨身碟，或2兆位元組〔TB〕的硬碟等等，各式記憶體容量的單位來使用。

（**注意**）在電腦相關領域中，千k、百萬M、吉G、兆T等等接頭詞，有
時各自當作2^{10}（＝1024）倍、2^{20}倍、2^{30}倍、2^{40}倍來使用。

M

地震規模
/ magnitude

過去人們相信
鯰魚可以預知
地震。

地震儀可偵測地面震動
並測量地震規模。

量　表示地震能量規模的指標值

單位制　地震規模只是為求方便的表示方法，難以說是單位

備註　有多種計算方式，而所有方式都會使用常用對數。當地
　　　震規模為1000倍時，數字表記上就增加2。

用來表示地震能量規模的單位 有多種計算方法，重要的是與震度的區別

什麼是地震規模？

當發生某種程度以上的地震時，無論電視新聞還是廣播都會告知震度與地震規模2種指標。

「震度」用來表示地震搖晃的程度，而這會隨著與震央的距離、地層的穩固程度等因素，在不同地點觀測有不同結果。另一方面，用來表示地震能量大小的「地震規模」，對1次地震只會有1個數值。

最早發明地震規模的是美國地震學家**查爾斯‧芮克特**（1900～1985年）。他在距離震央（震源正上方的地表）100 km的地方設置地震儀，並將記錄下來的最大振幅以微米〔μm〕這個單位表示，最後再用那個數值的**常用對數**來制定指標。而現在，地震規模的計算方式有多個種類，日本的新聞報導中最常見的是**日本氣象廳地震規模**（Mj），或是**地震矩規模**（Mw）。。

地震規模每相差1是差多少？

使用地震規模時，必須注意的是地震規模使用了「對數」這個概念。當地震的能量規模約為32倍時，地震規模的值就會大1。

2011年的日本東北地方太平洋近海地震（三一一大地震），

不論什麼震度
M 4.5

其規模為Mw 9.0，是日本觀測史上最大規模的地震。

書寫單位時須注意的事②

雖然嘮嘮叨叨的，恐怕會害單位被人嫌棄，不過為了避免各位在書寫上發生嚴重問題，還是有務必請各位小心注意的事。

注意小寫與大寫的區別！

m跟M有不同意思。小寫的m是「公尺」，大寫的M是意思為100萬倍的接頭詞「mega」。

（**例**）　✕ 50 Kg　　○ 50 kg

　　　　　✕ 70 HZ　　○ 70 Hz

命名自人名的單位由大寫開始！

安培〔A〕、牛頓〔N〕或帕斯卡〔Pa〕等以人名所命名的單位，第1個字母必須為大寫。

（**例**）想寫「50帕斯卡」時……

　　　　　✕ 50 pa　　　○ 50 Pa

不重疊2個接頭詞！

千（k）是表示1000倍的接頭詞。話雖如此，想表示100萬倍時不能用「千千（kk）」這種表記方式。「千千克」或「毫毫升」等，都是不行的。

（**例**）　✕ 1 kkg　　　○ 1 Mg 或 1 t

　　　　　✕ 1 mmL　　　○ 1 μL

- 溫度的單位
- 能量的單位
- 功率的單位
- 以人名命名的單位

熱、溫度與功率的單位

溫度的單位
攝氏度、華氏度

什麼是攝氏度？

國際單位制SI的溫度基本單位是克耳文〔K〕，但是在我們的日常生活中，幾乎不會用到這個單位。擁有壓倒性使用頻率的，是各位熟知的**攝氏度**〔℃〕。

攝氏度／degree Celsius
量：溫度
單位制：具有特定名稱的 SI導出單位
定義：將熱力學溫標克耳文所表示的值減去273.15所得到的溫度
由來：將水的凝固點設為0度，沸點設為100度的溫度

「攝氏」指的是發明這個溫標的瑞典天文學家**安德斯·攝爾修斯**（1701～1744年）。〔℃〕中的C，當然就是Celsius的第1個字母。

如各位熟知，攝氏溫標的0度為水的凝固點，100度為水的沸點。然而，1742年當時，攝氏溫標最初的定義與現在完全顛倒，設定凝固點為100℃，沸點為0℃。在攝爾修斯死後，才更改為現在的形式。

攝氏溫標與克耳文溫標的刻度間隔完全相同。只要將以克耳文溫標表記的溫度減去273.15，就可以直接轉為攝氏溫標。

華氏溫標發明的時間更早！

雖然攝氏溫標是世界各國最廣為使用的溫標，但美國或牙買加等少數國家，一般使用**華氏度**〔℉〕。單位符號℉的F，是德國物理學家**加布里爾·華倫海特**（1686～1736年）姓氏的第1個字母。

華倫海特正是發明水銀溫度計的人。此外，他也用溫度計，發現各種液體有其自己的沸點，而且沸點還會隨著大氣壓力變化。這是令人驚嘆的大發現。

緊接著在1724年，他開始提倡將水的凝固點定為32度，沸點定為212度（凝固點與沸點間分為180等分）的溫度表記方法。也就是說，華氏溫

標比攝氏溫標還要早18年誕生。甚至
可以進一步說，攝氏溫標是在華氏溫標
的影響下發明的。現在，無論攝氏溫標
還是華氏溫標，皆使用克耳文〔K〕來
定義。不過，〔℉〕並非SI單位。

100 ℃ 與 100 ℉

　100 ℃是水沸騰的溫度，那麼100 ℉大概是怎樣的溫度呢？

　只要套用下面的換算公式（左側）就可以知道，大概是38 ℃左右，這
只比人的體溫高一點，比熱水澡的溫度再低一點而已。

攝氏溫標C與華氏溫標F的關係

$$C = \frac{5}{9}(F-32) \qquad\qquad F = \frac{9}{5}C + 32$$

　最後再告訴大家一個小知識。「攝氏度」的「攝」是取自於「攝爾修斯」
的第一個字。同樣地，「華氏」的「華」是取自於「華倫海特」的第一個
字。而「氏」則是姓氏的接尾詞。

能量的單位
焦耳與卡路里的關係

■ 卡路里到底哪一點不行？

我們已在前面提過（p.103），卡路里〔cal〕用來表示「熱量」的大小，但因為熱量是能量的一種，所以本來應該使用焦耳〔J〕來表示。雖然焦耳是從國際單位制SI的基本單位所導出的單位，但卡路里可就不是了。卡路里無法躍上舞台，是理所當然的事。

但卡路里仍是我們生活中最愛用的單位之一。雖然希望卡路里至少能被收入SI可並用單位之中，不過可惜的是，這最後終究還是沒有實現。同樣是能量單位的千瓦時〔kWh〕，卻是SI可並用單位的其中一員。卡路里究竟是什麼地方不被認同呢？

■ 擁有各種面向的卡路里

使1 g的水上升1 ℃所需的熱量——這是1 cal最初的由來。然而，實際上水會因為其溫度，使比熱有所不同。換句話說，讓15 ℃的水上升1 ℃，與讓20 ℃的水上升1 ℃，所需的能量並不相同。雖然差異非常小，但的確存在差異。

因此，過去曾存在過各式各樣面向的「卡路里」。當情況演變到如此，就連「卡路里是單位」這件事也可能需要重新審視了。以下就舉出幾個例子。

　　　　15度卡路里　$1\,cal_{15} ≒ 4.1855\,J$

　　　　平均卡路里　$1\,cal_{mean} ≒ 4.190\,02\,J$

　　　　熱化學卡路里　$1\,cal_{th} ≒ 4.184\,J$（「≒」為「約等於」的意思）

「15度卡路里」是指讓14.5 ℃的水上升到15.5 ℃所需要的熱量。同樣地，也有將19.5 ℃的水上升到20.5 ℃所需熱量當成定義的卡路里存在。

「平均卡路里」則是指，讓 0 ℃的 1 g 水上升到 100 ℃所需熱量的 100分之 1。

1999年 10月以後的日本，採用的是「**熱化學卡路里（定義卡路里）**」。熱化學卡路里的 1 cal，是使用焦耳來定義。1 cal ＝ 4.184 J，我想各位記成約 4.2 J應該就夠了。從這個定義換算回來可以知道，**1 J ≒ 0.24 cal**。

> **卡路里的定義**
> 1 cal ＝ 4.184 J

🍛 咖哩飯有90萬卡路里!!

請看右下角的插圖，每一道餐點的單位都是大卡〔kcal〕。如果寫成〔cal〕，位數就會太多而不方便。注意咖哩飯的 900 kcal，不是指 900 卡路里，而是 90 萬卡路里喔！

在營養學中，過去有時候會用〔Cal〕這個單位代替〔kcal〕使用。仔細一看可知道，C 是大寫，而以前常常將其簡單稱之為「卡路里」。用〔Cal〕就無須每次都多寫 1 個「k」，因此用起來相當方便，只是〔cal〕跟〔Cal〕非常容易搞混，因此如今普遍使用的是〔kcal〕。

再過 10 年，便利商店賣的炸豬排便當，或許能量標示就會開始改用焦耳也說不定。

功率的單位
瓦特與馬力

■ 在瓦特的時代沒有〔W〕

功率與電力的單位瓦特〔W〕這個單位名，取自英國發明家**詹姆斯·瓦特**（1736～1819年）（p.105）。

由於要到1889年，英國科學促進協會才採用〔W〕作為功率單位，因此瓦特在世時並不存在〔W〕這個單位。此外，〔W〕被採用為國際單位制SI的單位是1960年的事。首先，讓我們確認這段歷史。

那麼說到瓦特最大的貢獻，就是**改良蒸汽機**。他沒有發明蒸汽機，而是改良蒸汽機。

如今也是相同，當新產品發售時，總是會比較與舊產品間的能力差異，積極強調新產品強化了性能。而在蒸汽機改良當時，就採用「〇匹馬」的方式，用馬的能力（**馬力**）來表達蒸汽機的性能。

■ 英制馬力〔HP〕由瓦特發明！

然而，當時馬力有好幾種定義，各種定義皆不一致，因此瓦特決定著手進行馬力的定義，他也打算據此使用精確的數值，表達自己所改良的蒸汽機性能。

	英制馬力 ∕horse power
HP	量：功率 單位制：英制與美制單位 定義：550lbf·ft/s 備註：標準負重馬1匹的功率，約為745.7W

他讓馬實際拉動重物，並從其功率算出「1馬力」，具體是「1秒內拉動

134

550重量磅的物體，使其移動1英呎時的功率」，這就是所謂的1馬力（英制馬力）。單位符號從英語「horse power」的首字母取為〔HP〕。用〔W〕來表示1 HP，則大約是745.7 W。

原子小金剛的10萬馬力是公制馬力

從英制馬力的定義使用磅或英呎可以得知，英制馬力屬於英美制單位的一員。除了英制馬力外，還有使用公制定義的公制馬力〔PS〕。

PS 公制馬力
／Pferdestarke
量：功率
單位制：公制
定義：**75kgf・m/s**
備註：**735.5W**（日本規定）

英制馬力與公制馬力並不相同，1 PS＝735.5 W，所以公制馬力比較小一點。雖然英制馬力與公制馬力皆非SI單位，但在日本計量法中，承認在特殊用途下可以使用公制馬力。

順帶一提，人類的「馬力」大概是0.2～0.3馬力，而新幹線（N700系電聯車16輛編組）大概是23000馬力。「原子小金剛」設定上為10萬馬力，擁有新幹線4倍以上的馬力。

電器產品的「馬力」

100W的筆記型電腦 ……………… 約0.14馬力

400W的洗衣機 ………………… 約0.5馬力

800W的電熱地毯 ……………… 約1.1馬力

1000W的吹風機 ……………… 約1.4馬力

1500W的微波爐 ……………… 約2.0馬力

2500W的空調 ………………… 約3.4馬力

以人名命名的單位

湯川、藤田級數

以人名命名的SI單位

在本章中，介紹了攝氏度、焦耳、瓦特等許多取自人名的單位。而在目前的SI單位中，共有19個單位取自於人名。這邊就以這些人物的出生年排序，一口氣介紹所有人名單位。

單位名	符號	量	人名
帕斯卡	Pa	壓力	布萊茲·帕斯卡
牛頓	N	力	艾薩克·牛頓
攝氏度	℃	溫度	安德斯·攝爾修斯
瓦特	W	功率	詹姆斯·瓦特
庫侖	C	電荷	夏爾·德·庫侖
伏特	V	電位、起電力	亞歷山德羅·伏特
安培	A	電流	安德烈－馬里·安培
歐姆	Ω	電阻	蓋歐格·歐姆
法拉	F	電容	麥可·法拉第
亨利	H	電感	約瑟·亨利
韋伯	Wb	磁通量	威廉·韋伯
西門子	S	電導	維爾納·馮·西門子
焦耳	J	能量、功、熱量	詹姆斯·普雷斯科特·焦耳
克耳文	K	溫度	克耳文勳爵
貝克勒	Bq	放射能	亨利·貝克勒
赫茲	Hz	頻率	海因里希·赫茲
特斯拉	T	磁通量密度	尼古拉·特斯拉
西弗	Sv	輻射等效劑量	羅爾夫·馬克西米利安·西弗
戈雷	Gy	輻射吸收劑量	路易斯·哈羅德·戈雷

長度單位「湯川」

S雖然不是SI單位，但有個名為**湯川（Y）**的人名單位。當然，這個單

位名取自日本第1位獲得諾貝爾獎的得主**湯川秀樹**（1907～1981年）。

湯川主要是用於原子物理學的長度單位，1 Ұ等於10^{-15} m，也就是1 m的千兆分之1的長度。因為不是SI單位，現代多用的是**飛米（fm）**。「飛f」是表示千兆分之1的接頭詞。

■ 表示龍捲風強度的「藤田級數」

雖然並非單位，但有個量度龍捲風強度的等級分類，稱為「**藤田級數（F級數）**」。這個名稱取自提出這個分類的氣象學家**藤田哲也**（1920～1998年）。

氣象廳自2007年4月起，將藤田級數加入氣象用語中。另外，從2016年4月開始，氣象廳參考了日本的建築物災害情況等各種環境因素，改用改良版的「日本版改良藤田級數（JEF級數）」。

JEF級數等級與風速的關係
（引用自氣象廳傳單《氣象廳的突風調查　～為了現象的解明～》）

級數	風速 （3秒平均）	主要的損害狀況（參考）
JEF0	25～38 m/s	・家庭倉庫被掀倒　　　　・自動販賣機被掀倒 ・樹枝被折斷
JEF1	39～52 m/s	・木造房屋的黏土瓦片會大範圍浮起或剝離 ・輕型車或普通汽車被掀倒 ・針葉樹的樹幹被折倒
JEF2	53～66 m/s	・木造房屋的屋頂骨幹損壞或被吹飛 ・廂型車或大客車被掀倒 ・鋼筋混凝土製的電線桿被折斷 ・基碑翻倒 ・闊葉樹的樹幹被折倒
JEF3	67～80 m/s	・木造房屋倒塌 ・路面柏油剝離而四處飛散
JEF4	81～94 m/s	・鋪設於工廠或大型倉庫屋簷的屋頂材料剝離並掉落
JEF5	95 m/s～	・低樓層鋼構預鑄房屋發生明顯變形或倒塌

身高與體重的關係

身高體重指數

我想有很多讀者為了避免體重增加，都很在意平時攝取的卡路里〔cal〕吧。不過，每個人的身高不同，一個人胖不胖應該由身高與體重的關係來決定。

有個數值可以用來表示身高與體重的關係，即是 **BMI（身高體重指數 Body Mass Index）**。BMI 從以下算式得出。

$$BMI = \frac{體重〔kg〕}{身高〔m〕\times 身高〔m〕}$$

從這條算式可得知，BMI 的單位為〔kg/m²〕，這等於在求「單位面積的質量（面積密度）」。

要記得身高不是用〔cm〕而是用〔m〕來計算喔！

擔任這個角色真吃虧……

體重多少最好？

那麼，該以多少體重為目標呢？

日本肥胖學會將統計上最不容易罹患疾病的 BMI 22 時的體重當成「標準」體重。BMI 若未滿 18.5 為「過輕」，超過 25 則為「過重」。

過輕（體重不足） 未滿 18.5	正常體重 18.5～未滿 25	肥胖 25 以上

此外，厚生勞動省也提出不同年齡下的目標 BMI。

順帶一提，哆啦 A 夢的體重設定為 129.3 kg，身高為 1.293 m，BMI 為 77.3。不過因為哆啦 A 夢是貓型機器人，所以不能直接套用人類的基準。

年齡	目標 BMI
18～49	18.5～24.9
50～69	20～24.9
70 以上	21.5～24.9

- 表示光度的單位
- 表示星星亮度的單位
- 與視力有關的單位
- 與聲音有關的單位

光度、視力、聲音
的單位

表示光度的單位
流明、勒克斯

什麼是光通量？

　　小孩子有時候會把太陽射出的光畫成「光線」，如果真的是線，那就可以計算光線的數量了，然而可惜的是，實際上我們無法計算光的數量。這個時候，我們可以把光線看作是一「束」光，而這就是**「光通量」**的概念。

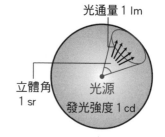

> **lm**　流明／lumen
> 量：光通量
> 單位制：具有特定名稱的 SI 導出單位
> 定義：1 cd（燭光）的光源在 1 sr（球面度）內所射出的光通量

　　國際單位制 SI 的光通量單位為流明〔lm〕，在拉丁語中為「日光」的意思。1 流明等於 1 燭光的光源往特定範圍（1 球面度，p.85）所射出的光。當然，光源愈亮，光通量的值就愈大。

光通量 1 lm

立體角 1 sr

光源 發光強度 1 cd

「瓦特」與「流明」

　　或許各位會想：「流明這單位我怎麼從沒看過……」不過其實在 LED 燈泡的包裝盒上就會標示流明了。

　　過去想表達白熾燈泡的亮度時，往往會使用瓦特〔W〕，但瓦特是功率或電力的單位，並非亮度的單位。這只是把消耗的電力，當成亮度大致的「基準」罷了。另外，LED 燈泡的消耗電力遠比白熾燈要低，沒辦法用瓦特來比較亮度。因此，現在 LED 燈泡會用流明來表示亮度。

　　不過，只用流明難以與過去的白熾燈泡做比較，所以 LED 燈泡的包裝盒往往會一併標示「相當於 60 W 白熾燈泡」等等規格。在白熾燈泡轉型為 LED 燈泡的時期，由於消費者不習慣流明的標示方法，「相當於○○燈泡」

便成了相當重要的依據。

必要流明 （以上）	170 lm	325 lm	485 lm	640 lm	810 lm	1160 lm	1520 lm
相當燈泡	20 W燈泡	30W燈泡	40W燈泡	50W燈泡	60W燈泡	80W燈泡	100W燈泡

※流明的值為往所有方向射出的光通量（全光通量）

■ 什麼是照度？

汽車的頭燈與手電筒，哪一個比較亮呢？

我想絕對是頭燈遠遠比手電筒亮吧。但是，用1 km外的車頭燈，是沒辦法用來看報紙的。相反地，如果手上就有手電筒，亮度應該能充分用來看報紙吧。與光源之間的距離長短，會影響我們感受到的「亮度」。

> **lx**
> 勒克斯／lux
> 量：照度
> 單位制：具有特定名稱的 SI導出單位
> 定義：1 m² 的面受到1 lm（流明）光通量平均照射時的照度

受到光源照射的面的亮度，就是「照度」的概念。國際單位制SI的照度單位為勒克斯〔lx〕（拉丁語的意思為「光」），1勒克斯定義為1流明的光通量平均照射1 m²的面積時的照度。

照度會與光源距離的平方呈反比關係。換句話說，若與光源的距離變成2倍，照度不是變2分之1，而是變4分之1。

表示星星亮度的單位
視星等、絕對星等

■ 視星等的起源

各位聽過「夏季大三角」嗎？天鵝座的天津四、天鷹座的河鼓二、天琴座的織女一，這3顆星連成了一個大三角形。只要夏夜抬頭仰望天空，就能簡單找到這個三角形。

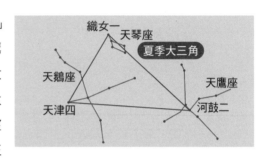

各位知道在這3顆星中，哪顆星最為明亮嗎？

古希臘天文學家**喜帕恰斯**（西元前190年左右～125年左右）將肉眼可見的星星，從最亮到最暗制定了6個等級。從最亮開始分別為1等星、2等星……直到6等星（「**視星等**」的起源）。天鵝座的天津四為1等星。不過，這個時代的「星等」只是單純「劃分星星的群體」，並不是「單位」。

■ 也有負1等星!?

在望遠鏡發明後，開始可以看到過去肉眼看不見的星星。這些星星曾被分類為7等星或8等星，但不同學者的分類也產生很大差異。

每差1等約亮2.5倍 ↑		
1等星	………	100 倍
2等星	………	約 40 倍
3等星	………	約 16 倍
4等星	………	約 6.3 倍
5等星	………	約 2.5 倍
6等星的亮度定為「1」。		

進入19世紀，英國天文學家**威廉・赫雪爾**（1792～1871年）發現，1等星的亮度與100個6等星的亮度幾乎相等。

以此發現為基礎，英國天文學家**諾曼・羅伯特・普森**（1829～1891

年）將星等定義為每相差1等，亮度差約2.512倍（2.512的5次方便是100）。在定義之後，就可以用1.2等星或8.3等星等等方式，詳細表達星星的亮度。另外，0等星或−1等星的表示方式也變得可行了。

至此，將「〇等星」的表現稱之為「單位」似乎也無不可。不過要注意，數值愈小代表亮度愈亮。

什麼是絕對星等？

前面所提到的皆是「從地球觀察的星星亮度」的情況，實際上離地球近的星星看起來會比較亮，離地球遠的星星則比較暗，這難以説是星星真正的亮度。

因此，若所有星星全都位於離地球相同的距離……這就是「**絕對星等**（absolute magnitude）」的概念。在絕對星等中，表示的是假設當星體全都位於10秒差距（約32.6光年，p.160）的距離上時的視星等。

那麼，夏季大三角中最亮的星是哪顆呢？答案請看下表。

等 視星等（等星）/ visual magnitude
量：天體亮度
單位制：非SI單位
定義：以特定的彩色濾光片拍攝複數的基準星，並以得到的發光強度為基準制定星等

星體	視星等	絕對星等	距離（光年）
太陽	−26.73	4.83	0.000016
天狼星	−1.47	1.424	8.60
織女一	0.03	0.604	25.03
河鼓二	0.76	2.2	16.73
天津四	1.25	−6.932	1411.26
北極星	2.005	−3.608	432.36

第6章

光度、視力、聲音的單位

與視力有關的單位
屈光度

■ 視力是怎麼測量的?

進行視力檢查時,常說「右眼1.2,左眼0.8」之類的吧。雖然大概知道數值愈大代表「看得愈清楚」,但這個數值到底是什麼?各位應該都很好奇吧。

視力檢查通常會用到如同大大小小的「C」排列在一起的「視力表」。其實那不是「C」,而是稱為「**藍道爾環**」的符號。名稱取自這個環的發明者,法國眼科醫師**愛德蒙·藍道爾**(1846〜1926年)。

0.1	◯	◯	◯	C
0.2	C	C	C	C	C
0.3	◯	C	◯	◯	C
0.4	◯	C	◯	◯	C
0.5	C	◯	◯	◯	◯
0.6	◯	C	◯	◯	◯
0.7	◯	◯	◯	◯	◯
0.8	◯	◯	◯	◯	◯
0.9	◯	◯	◯	◯	◯
1.0	◯	◯	◯	◯	◯
1.2	◦		◦		◦
1.5	◦	◦	◦	◦	◦
2.0	◦	◦	◦	◦	◦

視力檢查中最重要的,不是藍道爾環的大小,而是缺口。藉由回答出「上」或「左下」等等,可以測定一個人的眼睛是否能將缺口認知為缺口。

標準的藍道爾環直徑為7.5mm,缺口的間隔為1.5mm。從距離這個缺口5m的地方看,視角為1分(1°的60分之1)。將這個視角寫為分〔′〕時的倒數,就用來當作表示「視力」的數值。在這個例子中,視力為1.0。雖然我覺得有個單位會比較好就是。

那麼,視力0.5會是什麼樣的狀況?可以從下列2種測量方式知道。

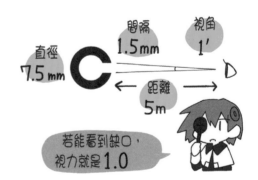

間隔 1.5mm
視角 1′
直徑 7.5mm
距離 5m
若能看到缺口,視力就是1.0

① 從2.5m的距離看見1.5mm的缺口。

② 從5m的距離看見3mm的缺口。

也就是說，需要「靠近」或「放大缺口」。①與②的狀況中，視角都同樣張開成2分，因此視力為其倒數的1/2，也就是0.5。

由於接受檢查的人若必須不斷移動會很辛苦，所以才用改變藍道爾環的方式來測量視力。

■ 什麼是「屈光度」？

閱讀很小的文字時，必須戴上眼鏡——這是我的情況。想在眼鏡行選到適合自己的鏡片，實在是挺辛苦的。

D	屈光度／dipotre 量：屈光率、 眼鏡鏡片度數 單位制：非SI單位
定義：將焦距以公尺表示時，其數 值的倒數	

屈光度〔D〕〔Dptr〕是用來表示透鏡屈光能力的單位。屈光度是將透鏡焦距以公尺〔m〕表示時的倒數，因此焦距愈短，數值就愈大。譬如，焦距若為50cm就是2D，若為25cm就是4D，以此類推。

但是，我想或許有很多人從來沒看過這個單位，那麼還請各位務必到百元商店找找看老花眼鏡，應該能在眼鏡的某處找到＋1.0或＋2.5等標示。雖然多數時候不會標示單位，但這個數值必定會是屈光度的數值。

遠視、老花用的凸透鏡，以及近視用的凹透鏡，區別在於符號是＋還是－。此外，既成的鏡片是以0.25D為刻度所製作。一般所謂「度數很高」，指的就是屈光度無論正負，數值很大的意思

與聲音有關的單位
分貝、方、馬赫

■ 噪音等級的單位「方」

不知道各位是否還記得，以前用噪音計測量噪音時，會用到方〔phon〕這個單位？其實自1997年10月起，方已經統一為分貝〔dB〕了。方的定義與分貝的定義雖然表現方式不同，但實質上是一樣的。

那麼，這裡就介紹幾個供各位參考的分貝值吧。

```
人的聽力極限 ‧‧‧‧‧‧ 0分貝
樹葉摩擦的聲音 ‧‧‧‧‧‧ 20分貝
安靜的公園、圖書館 ‧‧‧‧‧‧ 40分貝
一般對話 ‧‧‧‧‧‧ 60分貝
鬧鐘 ‧‧‧‧‧‧ 80分貝
地下鐵的電車 ‧‧‧‧‧‧ 100分貝
飛機引擎的附近 ‧‧‧‧‧‧ 120分貝
```

還請各位注意，鬧鐘聲音（80 dB）與安靜的圖書館聲音（40 dB）雖然數值為2倍，但這不代表聲音的大小（聲壓）是2倍。分貝相距20 dB表示的是10倍的差距（p.109），而這兩者相距40 dB，所以是100倍的差距。換句話說，如果同時有10個以80 dB的音量發出聲響的鬧鐘，那就是100 dB。

■ 光速與音速

當明亮的閃電降下時，有些人會數「1、2、3‧‧‧‧‧‧」。若比較光速（光的速度）與音速（聲音的速度），光速可說遠遠快過音速，因此若能知道

從打下閃電到聽到雷聲之間的時間，就可以回推目前自己與雷雲之間大致的距離。

音速會隨著氣溫或氣壓等條件產生變化，當氣溫為15℃時，音速約為340 m/s。若能事先了解這點會很方便。想計算得更仔細時，可以套用下列公式。

1大氣壓下音速 c m/s 與氣溫 t ℃間關係的近似式

$$c = 331.5 + 0.6\,t$$

假設看到閃電到聽到雷聲的時間為3秒，那麼以音速340 m/s來計算，340 m/s×3 s＝1020 m，大概在1km外有雷雲。這距離很近喔！待在屋外的人要多小心！

■ 音速比「馬赫」

我們能以音速為基準，當成單位般使用，譬如原子小金剛設定上能以5馬赫飛行。這裡的「5馬赫」，意思就是以音速的5倍飛行。「馬赫」這個詞，取

> 馬赫／mach number
> 量：比例
> 單位制：無法說是單位
> 定義：飛行體的速度與在其流體中音速的比例

自以超音速先驅研究為人所知的奧地利物理學家**恩斯特・馬赫**（1838～1916年）。

之所以說「單位般」，是因為如上所述，音速會隨條件不同而變化。馬赫只是與音速間的比較值，並不是真正的單位。

1大氣壓、15 ℃下的1馬赫約為340 m/s（換算時速約為1225 km/h），不過在噴射機飛行的平流層，1馬赫約為1080 km/h。而如果在水中，聲音傳播會比在空氣中更快，20 ℃水中的1馬赫約為5400 km/h。

Column

建議的「勒克斯」為多少呢？

需要多少的亮度？

在陰暗的地方工作，眼睛會很疲累，效率也隨之降低。根據日本《勞動安全衛生規則》這部法令，規定「精密作業」必須在300 lx（勒克斯）以上，「一般作業」必須在150 lx以上。但是，這到底有多明亮（照度）呢？

了解亮度的參考值吧！

若在大約3坪大小的房間使用相當於100 W的日光燈，大概為100勒克斯。但是，在這個亮度下閱讀，或許就有點暗了。念書或閱讀，至少需要500～1000勒克斯。據說超過40歲的話，與20歲的年輕人相比需要約2倍，而60歲的人更是需要3倍以上的亮度。

如果手上有照度計就方便了。市面上便宜的照度計，大概是1000日圓～3000日圓不等。

所需亮度（照度）的參考值
（引用自JIS照明基準、文部科學省指引）

手工藝、裁縫	1000 lx
飯店大廳	750 lx
圖書室	500 lx
教室	300 lx
學校講堂	200 lx
家庭廁所	75 lx
寢室	30 lx

1,000 lx

第 **7** 章

- 表示「特定個數」的單位
- 導出單位
- 表示比例的單位
- 與輻射有關的單位

個數、比例、輻射的單位

表示「特定個數」的單位
莫耳、打、score等

■ 使用「打」的注意事項

或許各位都在高中化學課上，聽老師說過「莫耳與打很像」之類的形容。這到底是什麼意思呢？在說明前，先了解打如何使用吧。

> **doz**
> 打／dozen
> 量：計數同一種類物品的單位
> 定義：12個同一種類的物品

各位是否覺得：「打就是12個啊，這有什麼好講？」不不，事情沒有這麼單純。

譬如，5顆蘋果與7顆蛋，沒辦法稱作「1打」吧？想要用「打」，就必須是同種的物品。而且「打」也不能單獨使用，必須如「1打鉛筆」般，指定某種物品。

■ 「打」哪裡好用？

把12個「統整在一起」，有什麼好處嗎？

這個問題的答案是「**因數的個數**」。12有6個因數（1、2、3、4、6、12），因此想要拆分時非常方便。10顆糖果難以分給3個人，但12顆的話，無論3人、4人、6人還是12人都可以公平分配。

從1到11的整數中，沒有擁有6個因數的整數，惟12是擁有6個因數的最小整數。在這層意義上，12算是個「資優生」。另外，12也是3×4般連續整數的乘積，我想這同樣也是12受人青睞的理由。

類似的整數還有20，擁有6個因數，也是連續整數的乘積（4×5）。20個為1組的東西，有時被稱為「**score**」。

莫耳〔mol〕與打〔doz〕很像！

莫耳與打很像，唯一不同的就是數量。1打是12個，1莫耳是 6.02214076×10²³ 個。因此「1打彈珠」與「1莫耳水分子」這2句話，在文章構造上是完全相同的。

莫耳的用法也與打相同，會使用譬如「1莫耳的水分子」的說法。同樣是1莫耳，隨著物質不同，其質量或體積也有很大差異，所以一定要指示物質的組成。

那麼為什麼，1莫耳要將如此龐大的個數「統合成1組」呢？其實，這個個數是最適當的。

原子核由質子與中子組成，雙方數量合計便是其元素的「**質量數**」。譬如碳的原子核各有6個質子與中子，所以質量數為12。莫耳的目的就在於此。莫耳的由來（舊定義）是「在12g的 ¹²C（質量數12的碳原子）中所存在的原子個數」。換句話說，收集1莫耳的碳原子，剛好就會是12g。

雖然遠不及莫耳的數量，不過可以將12打（144個）稱為 **1簍**（gross），12簍（1728個）則可以稱為 **1大簍**（great gross）。

意思就是數一整組的個數吧

導出單位
密度、人口密度、dpi等

■ 什麼是密度？

在本書的開頭，我曾說明國際單位制SI的基本單位有7個，至於其他的必要單位則從SI基本單位推算導出。這邊就來談談導出單位之一的「密度」。

密度簡單來說，就是「密集程度」，代表在一定範圍內有多少的量。如果沒有特別指定，一般說的「密度」指的便是單位體積內的質量（體積密度）。

SI的密度單位是公斤每立方公尺〔kg/m³〕，表示的是每1 m³中有多少〔kg〕的質量。不過，若〔m³〕這個單位太大難以估量時，很多時候也會採用〔g/cm³〕。

$$密度〔g/cm^3〕= \frac{物質質量〔g〕}{物質體積〔cm^3〕}$$

純水密度正好是1g/cm³。也就是說，1 cm³的質量為1 g。比水的密度小的物質會浮於水面，比水的密度大的物質則會沉入水中。

各種物質的密度

物質	密度（g/cm³）
木材（杉木）	0.40
酒精	0.79
燈油	0.80～0.83
冰（0℃）	0.92
水	1.00

物質	密度（g/cm³）
玻璃	2.4～2.6
海水	1.01～1.05
鐵	7.86
水銀	13.5
金	19.3

■ 面積也有密度!?

不只體積，也有使用面積的密度（面積密度），「人口密度」便是一例，

表示在單位面積中居住了多少人。一般使用的面積單位為平方公里〔km^2〕。

$$人口密度〔人/km^2〕= \frac{人口〔人〕}{面積〔km^2〕}$$

日本人口密度最大的地區是東京都，約為6260人/km^2（2019年）。另外，全日本的人口密度大概是340人/km^2（2019年）。

順帶一提，p.93登場的磁通量密度單位特斯拉〔T〕，同樣也是表示單位面積的磁通量，所以也是面積密度的單位。

還有線的密度!?

既然有體積密度與面積密度，那有線密度嗎？當然有，甚至自己創造也OK。

譬如，請試著想像把豆子沿著直線排列。如果想求1m內排了幾個豆子，就能創出〔粒/m〕這個單位，這同樣能說是「線密度」的一種單位。

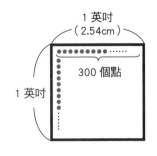

dpi／
dots per inch
量：像素密度
單位制：英制與美制單位
定義：1英吋內1像素的像素密度

與〔粒/m〕有著同樣構想的線密度單位，就是〔dpi〕。這是dots per inch的縮寫，用來表示1英吋（2.54cm）的長度中有幾個點。想表示顯示器、印表機或掃描機的解析度規格時，很常用到這個單位。

300dpi的圖片，表示1英吋排列了300個點，等於每邊1英吋的正方形中，共有300×300＝90000（個）點（像素）。雖然理論上〔dpi〕的值愈大，解析度就愈高，但超過300dpi後，據說肉眼就開始感覺不太到差異了。

1英吋
（2.54cm）

300個點

1英吋

表示比例的單位
成、千分比、ppm等

表示10之分1比例的「成」

用來表示比例的百分比，還存在許多同伴，我想最為人熟知的就是「成」了吧。這是指將全部當作10的比例單位。如果說劃成100等分是「百分率」，那個劃成10等分的成，可以說是「十分率」吧。

> **成**
> 成
> 量：比例
> 單位制：非SI單位
> 定義：表示10分之多少的比例。十分率

1成與10%是同樣的比例。日語中所謂「十成蕎麥麵（十割そば）」，就是不添加小麥粉，只用蕎麥粉製作的蕎麥麵。我覺得與其叫「100%蕎麥麵」，叫「十成蕎麥麵」聽起來似乎比較好吃一點。

話說回來，各位知道銀行活期存款的利率大概是多少嗎？經過我一番查詢，年利率0.001%似乎是最多的了（2020.06.16的資訊）。這對儲蓄人來說是很遺憾的事，畢竟這表示就算1年內存了1000萬日圓，利息也僅僅只有100日圓！讓人以為自己是不是算錯了。至此，我們似乎需要一個可以表達比百分比更小比例的單位。

表示坡度的「百分比」、「千分比」

在百分號〔%〕的右下角多加1個小〇的〔‰〕，這是千分比的符號，讀音為permil。千分比用來表示1000分之幾。另外，還有用來表示萬分比的permyriad〔‱〕。

> **‰**
> 千分比／permil
> 量：比例
> 系：非SI單位
> 定義：表示1000分之多少的比例。千分率

無論百分比還是千分比，都時常用來表示坡道的坡度（斜坡傾斜的程度）。例如「10%的坡度」等於「水平前進100 m後爬升10 m般的坡

度」,「40 ‰的坡度」等於「水平前進1000 m後爬升40 m般的坡度」。箱根登山鐵道上,便有高達80 ‰（日本鐵道中最大的坡度）的斜坡。

🗄 更小的比例

有個表示0.000001比例,也就是百萬分率的單位,從parts per million的字首縮寫成〔ppm〕。這個單位用在表示大氣中汙染物質的濃度等用途。

> **ppm**
> ppm
> 量:比例
> 單位制:非SI單位
> 定義:表示100萬分之多少的比例。百萬分率
> 備註:主要用於濃度

若用這個〔ppm〕來表示剛才的利率,那就是10 ppm。現在的利息用這個大小的單位來表達似乎是最恰當的。

除了以上介紹的比例外,還有下列各種表示極小比例的單位。日本的法規上,到〔ppq〕為止都是可以使用的法定計量單位。

百分率（percent）　　　1% 　= 0.01

千分率（permil）　　　1‰ 　= 0.001

萬分率（permyriad）　　1‱ 　= 0.0001

百萬分率（ppm）　　　1 ppm = 0.000 001

十億分率（ppb）　　　1 ppb = 0.000 000 001

兆分率（ppt）　　　　1 ppt = 0.000 000 000 001

千兆分率（ppq）　　　1 ppq = 0.000 000 000 000 001

與輻射有關的單位
戈雷、西弗

用於接受輻射者的單位

p.119曾提到強烈的輻射會對人體造成嚴重危害。既然如此，為了表示其影響的程度，就必須擬定與貝克勒〔Bq〕不同，屬於「接受輻射者」的單位。這恰好類似放出光的單位燭光〔cd〕，與受到光照射的單位勒克斯〔lx〕之間的關係。

Gy
戈雷／gray
量：吸收劑量
單位制：具有特定名稱的SI導出單位
定義：放在輻射照射下，1 kg物質吸收1 J能量時的吸收劑量

當輻射碰到物質時，物質會吸收其能量，而這個能量被稱作「**吸收劑量**」。

國際單位制SI的吸收劑量單位為戈雷〔Gy〕，1戈雷為1 kg物質吸收1焦耳能量時的吸收劑量。單位名稱取自英國放射物理學家**路易斯・哈羅德・戈雷**（1905～1965年）。無論戈雷〔Gy〕還是貝克勒〔Bq〕，皆是從1975年起開始使用的單位。

放射能 貝克勒〔Bq〕	吸收劑量 戈雷〔Gy〕	等效劑量 西弗〔Sv〕
表示放射性物質具有多強的輻射能力。	表示物質或人體組織吸收多少輻射的能量。	表示人體受到輻射多大的影響。

🔲 人體受到多少影響？

戈雷〔Gy〕並不區別接受輻射的是生物還是非生物。由於當人體接受到輻射時，會因為輻射種類（α射線、β射線、γ射線、X光等）或曝射組織（器官、皮膚、骨頭等）等產生不同的影響，所以必須擬定一個「**等效劑量**」的單位，讓我們可以透過共同的尺度，量化輻射對生物（人體）的影響。

這個等效劑量的單位，就是核電廠事故後很常聽到的西弗〔Sv〕。單位命名自瑞典物理學家**羅爾夫‧馬克西米利安‧西弗**（1896～1966年）。

具體來說，就是將吸收劑量戈雷〔Gy〕，乘以修正因數，以此算出等效劑量。

〔Sv〕=（修正因數）×〔Gy〕
修正因數由經濟產業省令所制定。

> **Sv**
> 西弗／sievert
> 量：等效劑量
> 單位制：具有特定名稱的
> SI導出單位
> 定義：將戈雷〔Gy〕所表吸收劑量
> 的數值，乘經濟產業省令所定的
> 修正因數時，所得到的值為1的等
> 效劑量（在日本的定義）

🔲 日常生活中的輻射

其實我們光是普通地生活，就會從宇宙、空氣、地面以及食物中，接受每年平均2.4 mSv的輻射（**背景輻射**）。

此外，有時我們還會在X光檢查或電腦斷層中接收到輻射。1次胸腔X光檢查的曝射量大約為0.1

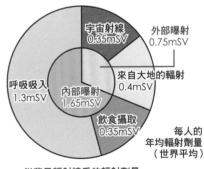

從背景輻射接受的輻射劑量

mSv（不同部位數值略有不同），這點程度可說對健康幾無影響。不過，我們還是不能對輻射掉以輕心，最好別認為輻射相當安全。

極小長度的單位

1微米到底有多長？

我們平時使用的長度單位，最短的或許是毫米〔mm〕。畢竟在日語中還有「我1毫米也不知道」這種拿最短的事物比喻「我什麼都不知道」的表達方式，可說日常生活裡會留意到比1mm還短的長度，大概只有自動鉛筆的筆芯粗細之類 吧。

但是，有時候也不得不注意這個尺度以下的世界。地球的大氣中充斥著各式各樣的懸浮微粒，而其中直徑小於2.5 μm（微米）的微粒，就是最近常聽到的「PM2.5」。

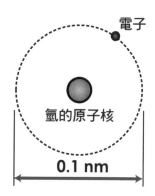

頭髮

70 μm

花粉

PM 2.5

1 μm為1mm的1000分之1，所以2.5 μm等於0.0025mm。這比頭髮的直徑（約0.07mm）或花粉的直徑（約0.03mm）還要小很多！這些極其微小的顆粒容易進入肺部深處，提高罹患呼吸系統疾病的機率。

1奈米到底有多長？

1 μm的1000分之1長度為1nm（奈米）。流感病毒的大小為80～120 nm，冠狀病毒則是50～200nm，1nm可說遠小於病毒的尺寸。

〔nm〕常用來表示原子或分子的大小，譬如氫原子的大小約為0.1nm。0.1nm即是1m的100億分之1，這個長度正是前面介紹過的1Å（埃格斯特朗）。

電子

氫的原子核

0.1 nm

- 表示極長距離的單位
- 表示文字大小的單位
- 表示絲線粗細的單位
- 與珍珠、鑽石、黃金有關的單位
- 表示地震搖晃程度的指標

意外地鮮有人知的
常用單位

表示極長距離的單位
光年與秒差距

光行進1年的距離

或許年輕的讀者已經不知道了，但
1974～1975年時，電視上曾播過松本
零士原作的動畫《宇宙戰艦大和號》。
在這部動畫的設定中，搭乘大和號的船
員，目的就是前往距離地球14萬8000
光年外大麥哲倫星系中的伊斯坎達爾星

ly　光年／light year
量：長度
單位制：非SI單位
定義：光在真空中傳遞1
年所經過的距離
備註：
1 ly＝9 460 730 472 580 800 m
（準確值）≒9.46 Pm（拍米）

（架空的行星），去取回放射能清除裝置「宇宙清洗器D」。

這裡的「光年」，指的不是時間單位，而是長度單位。「光年」是光（電
磁波）行進1年的距離。光的速度約為秒速30萬km，等於光可以在1秒內
繞行地球7圈半。由此計算，1光年大概是9兆4607億3047萬km。位數
太多，很難感受其實際的距離呢。順帶一提，1光年約為**63000 au**（天文
單位）。

光年的單位符號是〔ly〕，為「光年」light-year的字首縮寫。說起來在電
影《玩具總動員》系列裡，也有位名叫「巴斯光年」的角色登場。

地球上並沒有「光年尺寸」的物體，光年最常用於天文學領域中的距離。譬如，離地球最近的恆星比鄰星，與地球間的距離約為4.25光年。

用「視差」測量距離

還有個比光年更長的單位，那就是秒差距〔pc〕。1 pc **約為3.26光年**。

秒差距是如何定義的呢？請各位首先把手舉到臉前，並立起手指。只用左眼看這根手指，會與只用右眼看有些許的位置差異。這個差異稱為「**視差**」，一般用角的大小來表示。與對象物之間的距離愈遠，視差就愈小。

接下來請各位發揮想像力吧。請將左眼當成地球，右眼當成太陽，對象物則是某顆恆星。由於我們已知地球與太陽的距離（1天文單位），所以只要能測出視差，接著就可以用三角測量的原理算出到目標恆星間的距離。

視差為1秒（3600分之1度的角度）時，到恆星的距離就是1秒差距。「秒差距 parsec」為 parallax（視差）與 second（秒）的混成詞。順便一提，我們與比鄰星的距離，大約是1.3秒差距。

pc

秒差距／parsec
量：長度
單位制：非SI單位
定義：1天文單位在圓弧上張開1角秒時的距離
備註：1 pc ≒ 3.085 68 × 10^{16} m

第8章

意外地鮮有人知的常用單位

表示文字大小的單位
點、級

Word原始設定中的文字尺寸

現代電腦如此普及，用電腦書寫文章已經是理所當然的事了。沒錯，你現在看到的這篇文章也是用電腦打的。

那麼，各位知道文書軟體Word文字尺寸的預設值嗎？若尚未經過調整，日本Word的文字尺寸應該是「10.5」。

這個「10.5」，表示的是活字每邊的長度，此時使用的單位是點〔pt〕。點主要是用於表示活字大小的長度單位，1 pt為72分之1英吋（約0.353mm）。

> **pt**
>
> 點／point
> 量：長度（活字）
> 單位制：英制與美制單位
> 定義：（1/72）英吋
> （＝0.3527⋯ mm）
> 備註：在日本的單位符號有時也寫成〔ポ〕

這才是真正的「閃亮名」

「村度」「檸檬」「別離」「炎」等等，在日文中讀音難懂的漢字，或作者想要使用與平常完全不同的念法時，就會在漢字上添加小文字標示其假名讀音。這種假名稱為「振假名」，也時常稱作「**ruby**」，「ruby」的意思就是紅寶石。

歐美過去會用「珍珠」、「鑽石」等寶石的名字來為各種活字大小取暱稱。振假名之所以又稱作「紅寶石」，便是因為以前日本用於振假名的活字尺寸，與英國的紅寶石（5.5 pt的活字）相近而得名。

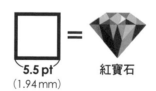

5.5 pt
（1.94mm）　＝　紅寶石

公制的文字尺寸

另有一個名為「級」的文字尺寸單位，常用於表示照相排版機的活字大

小，單位符號為〔Q〕。1Q的長度為 0.25mm，也就是1mm的4分之1。Q 其實是英語**quarter**（4分之1）的字首。

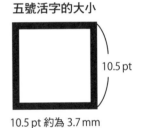

> **Q** 級
> 量：長度（活字）
> 單位制：公制
> 定義：（1/4）mm
> （＝0.25mm）

若用〔Q〕來表示文字尺寸，4Q剛好為1mm，20 Q則是5mm，這對於熟悉公制的我們來說相當方便。然而大多數的文書軟體，用的都是英美制單位的點，這完全顯示了現在的電腦業界深受美國的影響。

🔲 10.5點到底是多大？

那麼回到一開始的話題，為什麼日本的Word文字尺寸預設值是10.5 pt 呢？

日本從明治到昭和時期，曾有過一種名為「**號數活字**」的活字尺寸系統。尺寸從初號到～八號共有9種，其中書籍本文或公文，皆以五號活字為標準尺寸，而這就相當於10.5 pt。

五號活字的大小

□
10.5 pt

10.5 pt 約為 3.7mm

另外，ruby 則是會用比本文的五號還要小一點的七號（相當於5.25 pt）。

現代電腦軟體的文字尺寸清單中，之所以還保留「10.5」，就是明治時期文字尺寸殘留下來的影響。

表示絲線粗細的單位
支數、丹尼爾、特克斯

■ 以絲線質量為基準的「支數」

我們該怎麼表示絲線的粗細呢?

或許各位會想:「為什麼要問這個問題?」其實絲線粗細,可以用長度單位來表示。自動鉛筆的筆芯粗細,也是用長度單位表示,譬如0.5mm或0.3mm,因此只要用長度單位來量化絲線粗細即可。

不過現實中使用的卻是別的單位,畢竟絲線纖細而柔軟,想直接測量粗細非常困難。這個時候,為了簡單表示「絲線粗細」,業界想出了2種方法:一個是以絲線質量為基準的「**定重制**」,一個是以絲線長度為基準的「**定長制**」。

定重制單位中最有名的便是「**支數**」。隨纖維材質與國家的不同,世界上存在多種多樣的支數。以羊毛為例,1kg羊毛的絲長若為1km就是1支,2km就是2支。也就是說,支數的數值愈大,絲線就愈細。

■ 以絲線長度為基準的「丹尼爾」

女性應該對絲襪等衣物用丹尼爾〔D〕這個單位來表示絲線粗細知之甚詳才是,相反地,男性應該幾乎不知道丹尼爾吧?我想隨著性別不同,知名度有如此差異的單位也是很稀有的。

> **D**
>
> 丹尼爾/denier
> 量:線密度、纖維度、絲線粗細
> 單位制:非SI單位
> 定義:每9000m 為1g的絲線粗細

丹尼爾是定長制的單位，以9000m長的絲線為基準。若9000m的絲線質量為60g，那就是60丹尼爾，80g則為80丹尼爾。丹尼爾與支數不同，數值愈大表示絲線愈粗——這點事應該已是女性的常識了。

60丹尼爾的褲襪有著「適當的透膚感」。當然，80丹尼爾的褲襪比較保暖，但就沒有太多透膚感，對一部分人來説似乎就少了點「時尚度」。

順帶一提，據説絲襪與褲襪的分界線，落在30～40丹尼爾之間。

將來的定長制主流「分特克斯」？

丹尼爾的缺點在於以9000 m為基準長度，這不太適合其他許多以十進位為主的單位。

於是，分特克斯〔dtex〕誕生了。

	特克斯／tex
tex	量：線密度、纖維度、絲線粗細 單位制：非SI單位 定義：每1000m 為1g的絲線粗細。與〔mg/m〕相同

這個單位由特克斯〔tex〕加上表示「10分之1」的接頭詞「分d」所組成，10000 m長度的絲線若為1g，即為1分特克斯。單位名稱源自英語的textile（紡織品、布）。

在化纖產業，自1999年起便全面改用分特克斯〔dtex〕了。不過，想普及到一般市場，似乎還需要一點時間。

與珍珠、鑽石、黃金有關的單位
匁、克拉、K金、金衡盎司

■ 買了高興花一匁

我們已在 p.68 介紹了質量單位「匁」。這也是在日本童謠《花一匁》的一句歌詞「買了高興花一匁」中登場的「匁」。1匁是 3.75 g，但這裡的「花一匁」並不是指「3.75 g的花」，而是買花時銀錢的重量為 1 匁。

mom

匁
量：質量（真珠用）
單位制：尺貫法
定義：(1/1000) 貫
備註：1 mom＝3.75 g

由於匁是尺貫法的單位，當然並非 SI 單位，不過在珍珠、和蠟燭或浴巾等業界，現在仍會使用匁。進一步說，目前日本計量法中規定，匁只能用於「**計量珍珠的質量**」。國際上，匁表記為〔mom〕。

就算說1匁（3.75 g），各位可能也不太能想像這到底有多重。其實，我們平日使用的五日圓硬幣，重量就是 1 匁。雖然匁這個單位現在已幾乎不再使用，但其實仍給身邊的事物帶來影響呢。

■ 1克拉是幾公克？

珍珠之後，接著是鑽石。

用來表示鑽石等寶石的質量單位中，最著名的便是克拉〔ct〕。因為是微小又高價的寶石，所以〔kg〕顯得太重而

ct

克拉／
carat〔ct〕〔car〕
量：質量（寶石用）
單位制：非SI單位
定義：200 mg（準確值）

難以使用，甚至就連〔g〕也太大了。1克拉為 200 mg，這等大小的單位最適合用來表示寶石重量。10克拉的鑽石，正好是 2 g。

克拉不論名稱還是質量，皆源自豆科的植物刺桐的種子，其阿拉伯名 quirrat。這種種子1顆的重量，剛好就是「1克拉」。

順帶一提，鑽石 1 cm³ 的質量約為 3.52 g。因此，1克拉（0.2 g）鑽石

的體積大概是0.056cm³。若假設鑽石是像骰子般的立方體，那麼每邊的長度約為3.8mm。

1克拉是百分之幾？

最後要介紹的是黃金。

關於黃金，用的單位也是「克拉」。但克拉用在黃金上，表示的不是質量，而是**黃金的純度（含金度）**，單位符號為〔K〕。有時候可以看到鋼筆的筆尖

| K | 克拉、K金／karat〔Kt〕
量：黃金純度
單位制：非SI單位
定義：用來表示**24**等分中有幾等分的比例量 |

標示「18K」或「12K」，而在日本，會簡稱為「18金」或「12金」。

黃金的克拉，是用24分率表示黃金的純度。將整塊金屬的質量當作24等分，可以用克拉表示其中含有幾等分的黃金。若為24K就是純金，若為18K就是24分之18，代表含金量為75%。

黃金等貴金屬的質量，還可以用金衡盎司〔oz tr〕來表示，這跟p.71所提到的盎司〔oz〕是不同的單位。

1金衡盎司準確值為31.1034768g。如果是俗稱「Large Bar」的特大型金條，1塊就重達400金衡盎司（約12.5kg），一隻手都舉不起來呢！

表示地震搖晃程度的指標
地震的震度分成10個等級！

■「震度」不是單位！

在日本的電視新聞或廣播中，當發生最大震度3以上的地震時，通常會立即發布以下新聞快報。

「剛才於10點20分左右，以〇〇地區為震央發生地震。震源在××，用來表示能量規模的地震規模為△△。」

日本的新聞在播報地震規模（p.126）時，幾乎必定會說出「用來表示能量規模」之類的說明，這是為了避免聽眾混淆了地震規模與「地震震度」。接下來，新聞會繼續播報以下有關震度的資訊。

「各地震度如以下所示：〇〇、××⋯⋯地區的震度為4，△△、□□⋯⋯地區的震度為3。」

震度其實不是單位，而是用來表示地震搖晃程度的指標值。

> 震度／seismic intensity
> 量：是等級而非單位
> 定義：用不同等級表示某地地震搖晃程度的指標

地震的搖晃程度通常離震央愈近就愈大，離震央愈遠就愈小。另外，搖晃程度也受到當地地層硬度等影響。因此即使是同一場地震，但隨著觀測地點的不同，震度也會有很大的差異。新聞中之所以會列舉許多地名，便是這個緣故。

■ 沒有震度8

電視或廣播中用到的「震度」為「**日本氣象廳震度等級**」，是日本獨有的產物。以前的震度倚賴氣象台或觀測所的觀測員自己的體感或受災狀況來推估，不過

現在皆已用計測震度計來進行觀測。

　　震度如下表般設定成10個等級。過去曾有段時期將震度1稱為「微震」，震度4稱為「中震」等等，但在1996年廢止了這樣的稱呼。此外，震度5與6各自追加了「弱」與「強」的等級，也是1996年的事。

　　由於震度是用等級方式表示地震的搖晃程度，所以不會出現「震度2.8」這種小數點。除此之外震度7已是最大等級，並不存在震度8或9。

氣象廳震度等級（引用自消防廳官方網站）

震度 0	人沒有感覺到搖晃。
震度 1	只有屋內一部分的人會感覺到輕微搖晃。
震度 2	屋內大多數的人感覺到搖晃。 一部分的人會從睡夢中驚醒。
震度 3	屋內幾乎所有人都感覺到搖晃。 有些人會感到恐懼。
震度 4	一部分的人會感到相當恐懼，試圖保護自身安全。 幾乎所有睡夢中的人都會驚醒。
震度 5弱	大多數的人會試圖保護自身安全。 一部分的人感到難以走動。
震度 5強	感到嚴重恐懼。難以走動。
震度 6弱	站立困難。
震度 6強	無法站立，只能爬行移動。
震度 7	搖晃劇烈以致無法依自己的意志行動。

不知不覺間使用的液量盎司

表示液體體積的盎司

説到盎司〔oz〕通常指的是質量單位（p.71），不過還有一種用來表示液體體積的盎司。為了與質量單位區別，這個盎司稱呼為「**液量盎司（fluid ounce）**」〔fl oz〕。1 液量盎司，在英制中約為 28.41 mL，在美制中約為 29.57 mL。

只是我們平時很少注意到液量盎司這個單位，不過其實它是相當常用的單位。如果常到國外旅遊購物的人，應該很了解免税範圍才是，譬如香水到 2 盎司為止都是免税的。這裡的「盎司」當然是指「液量盎司」，也就是約 56 mL 為止都可以免税。

不知不覺間使用的液量盎司

畢竟液量盎司是英美制的單位，若是從沒用過香水的人，或許會覺得這個單位與自己無緣。但是，其實各位在生活中，仍在自己毫不知情間用到了液量盎司。

一般最常使用的紙杯尺寸，為 7 fl oz（約 205 mL）。星巴克的紙杯，則分為了小杯 Short 8 fl oz（240 mL）、中杯 Tall 12 fl oz（350 mL）、大杯 Grande 16 fl oz（470 mL）、特大杯 Venti 20 fl oz（590 mL）等各種尺寸。

順便一提，「Venti」在義大利語中是「20」的意思。

主要參考文獻

書籍

◆ 小泉袈裟勝『單位のいま・むかし』日本規格協會、1992年

◆ 小泉袈裟勝『続 單位のいま・むかし』日本規格協會、1992年

◆ 小泉袈裟勝『数と量のこぼれ話』日本規格協會、1993年

◆ 海老原寬『新版 單位の小辞典』講談社、1944年

◆ 二村隆夫 監修『單位の辞典』丸善、2002年

◆ 小泉袈裟勝・山本弘『單位のおはなし 改訂版』日本規格協會、2002年

◆ 小泉袈裟勝・山本弘『続 單位のおはなし 改訂版』日本規格協會、2002年

◆ 星田直彦『單位171の新知識』講談社、2005年

◆ 髙田誠二『單位の進化』講談社、2007年

◆ 白鳥敬『單位と記号』學研教育出版、2013年

◆ 星田直彦『雑学科学読本 身のまわりの單位』KADOKAWA／中経出版、2014年

◆ 星田直彦『図解・よくわかる單位の事典』KADOKAWA／メディアファクトリー、2014年

◆ 星田直彦『図解 よくわかる 測り方の事典』KADOKAWA／メディアファクトリー、2015年

◆ 星田直彦『あなたの知らない「身のまわりの單位」事典』PHP研究所、2018年

◆ 臼田孝『新しい1キログラムの測り方』講談社、2018年

小冊子

◆「国際單位系（SI）は世界共通のルールです」産業技術綜合研究所 計量標準綜合中心、2017年

◆「よくわかる低周波音」環境省、2019年

官方網站

◆「新時代を迎える計量基本單位」産業技術綜合研究所 計量標準綜合中心、https://www.nmij.jp/transport.html

● 索引 ●

撰文・監修 **星田直彥**

1962年生於大阪府，奈良教育大學研究所修畢。
曾任中學數學教師，現為桐蔭橫濱大學副教授。
結合生活經驗與歷史話題的數學課深受學生喜愛。平時活用廣泛的雜學知識，以
「身邊疑問研究家」的身分活躍於各個領域。
著書有《單位キャラクター図鑑（監修）》（日本圖書中心）、《単位171の新知識
読んでわかる単位のしくみ》（講談社）、《單位知識王：108個你從未想過的單
位之謎》（楓葉社文化）、《図解 よくわかる測り方の事典》（KADOKAWA）、
《楽しく学ぶ数学の基礎》系列、《楽しくわかる数学の基礎》（SB Creative）
等等。
星田直彥的雜學推薦 http://tadahiko.c.ooco.jp/

插畫 **姫川たけお**

1993年生於京都府，京都府立大學生命環境學院畢業。
活用自己在理科領域的知識進行各類創作的「理科系插畫家」。
著書有《毒物ずかん：キュートであぶない毒キャラの世界へ（插圖、漫畫）》
（化學同人）。
網站 http://hakoirichemist.com/

●照片提供（p.33）国立研究開発法人産業技術総合研究所

Original Japanese Language edition
UNIT GIRLS TANI CHARACTER JITEN
by Tadahiko Hoshida, Takeo Himekawa
Copyright © Tadahiko Hoshida, Takeo Himekawa 2020
Published by Ohmsha, Ltd.
Traditional Chinese translation rights by arrangement with Ohmsha, Ltd.
through Japan UNI Agency, Inc., Tokyo

Unit Girls擬人化單位事典

出　　　版／楓葉社文化事業有限公司
地　　　址／新北市板橋區信義路163巷3號10樓
郵 政 劃 撥／19907596 楓書坊文化出版社
網　　　址／www.maplebook.com.tw
電　　　話／02-2957-6096
傳　　　真／02-2957-6435
作　　　者／星田直彥
翻　　　譯／林農凱
責 任 編 輯／王綺
內 文 排 版／謝政龍
港 澳 經 銷／泛華發行代理有限公司
定　　　價／350元
初 版 日 期／2021年11月

國家圖書館出版品預行編目資料

Unit Girls擬人化單位事典／星田直彥作
；林農凱翻譯. -- 初版. -- 新北市：楓葉社
文化事業有限公司, 2021.11　面；　公分
ISBN 978-986-370-334-1（平裝）

1. 度量衡

331.8　　　　　　　　　　110014689